◀ 簡単そうで奥が深い ▶

小学校6年分の算数

算数の楽しさ、おもしろさを実感できる

JN010722

はじめに

　小学校の算数は，私たちの日常にあふれています。算数がわかると，買い物の金額をパッと見積もることができたり，パンフレットのグラフや表を正しく読み取ったり，セール品がどれくらい安いのかを知ることができます。

　中学・高校で習う数学は苦手だけれど，算数は好きだった，という人も多いかもしれません。しかし，算数の問題を解くことができても，「なぜそうなるのか」をきちんと説明できる人は，少ないのではないでしょうか。

　この本では，小学校の6年間に学ぶ算数を，わかりやすいイラストや図を用いて一からやさしく解説しています。そして，これまでやりすごした疑問やつまづきを解消できるように，少しちがった角度からもせまっています。

　各ページタイトルの右上にある，1年 2年 3年 といったマークは，そのページで紹介した内容を主に学習した学年です。「この学年でこんな勉強をしたんだ！」と懐かしんだり，こっそり復習するときのめやすなどにしたりしてください。

　それではさっそく，奥深い算数の世界に足をふみいれてみましょう！

4 身近で便利な道具「単位」

5 つまずきやすい「割合」と「比」

6 社会人にも必須スキル「データの見方・活用」

1

まずはおさらい
「整数の計算」

小学校の算数でまず最初に習うのが，足し算や引き算などの「計算」と「数」の概念です。1章では，くり上がりやくり下がりといった計算の基本から，整数のかけ算や割り算，四則演算がまじった計算の方法などをおさらいしましょう。

0から9の数字で数をあらわす「十進位取り記数法」

あるものの個数が10まとまるごとに、一つ上の位に上げていく数のあらわし方を「十進法」といいます。そして、並んだ数字の位置によって大きさをあらわす決まりを、「位取りの原理」といいます。**この十進法と位取りの原理にしたがって、0から9の10個の数字を使って数をあらわすことを「十進位取り記数法」といいます。**

たとえば、873という数をみてみましょう。「8」「7」「3」の数字の位置は、それぞれの位の数の大きさをあらわし、1桁左へ進むごとに数の大きさが10倍になります。また、**ある位に相当する数がないとき（空位といいます）は、その位置に「0」を書くというルールもあります。**

2や12など、10以外のまとまりをつくる方法（二進法や十二進法）もありますが、算数の基本は十進位取り記数法をもとに考えていきます。たいへん重要ですので、整数の計算をはじめる前にしっかりおさらいしておきましょう。

10ずつまとめて位を上げる

十進位取り記数法は、小学1年生のときに100より少し大きい数までを学ぶことからはじまり、2年生では5桁（一万の位まで）……と段階を追って学習します。4年生では整数の範囲は兆まで拡大されます。

卵の数 25 個

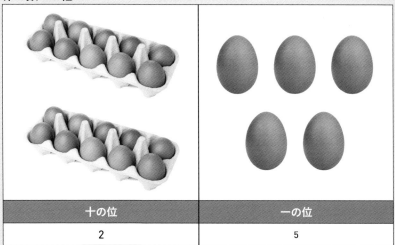

十の位	一の位
2	5

10個のまとまりが「2」，バラが「5」

億よりも大きい数

一億，十億，百億，千億とつづき，次の位は「兆」になります。そして千兆の10倍を「一京」といいます。数はまだまだつづき，漢字の名前がついている最大の位が「無量大数」です。一無量大数は，1のあとに0が68個もつきます。

1000倍
100倍
10倍

日本の総人口　　125416877※

一億の位	千万の位	百万の位	十万の位	一万の位	千の位	百の位	十の位	一の位
1	2	5	4	1	6	8	7	7

※：令和5年1月1日現在の住民基本台帳にもとづく。

位が一つ左に進むごとに10倍になる

くり上がりが一目でわかる「さくらんぼ計算」

1年

「2＋3」や「3＋6」は，右手と左手の10本の指を使って答えが出せます。では，「8＋5」のように，答えが10より大きくなる場合はどうでしょう？

この足し算のように，一つ上の位に数が加わることを「くり上がる」といいます。

くり上がりのある足し算を行うには，「さくらんぼ計算」が便利です。**さくらんぼ計算は，数を二つに分けて計算をしやすくする方法**で，小学1年生の算数の教科書でも紹介されています。

「8＋5」では，たとえば，「8に何を足したら10になるか」を考えてみましょう（図1）。8に足して10になる数は2ですから，5を2と3に分けます。そして，5の下にさくらんぼを書き，その中に2と3を入れます。8と2の和※である10と，さくらんぼの残りの3を足して，答えは13です。

さくらんぼ計算は2桁と1桁の

さくらんぼ計算（足し算）

くり上がりのある足し算では，「何と何を足したら10になるか」を考えるのがポイントです。さくらんぼ計算は，そのための考え方をわかりやすく示したものです。

足し算や，2桁と2桁の足し算にも応用できます。「64＋7」の場合（図2），64は6を足すと70になります。そこで，7を6と1に分け，7の下にさくらんぼを書いて6と1を記入します。70とさくらんぼの残りの1を足し，答えは71です。「35＋47」の場合（図3），35は5を足すと40になります。そこで，47を5と42に分け，47の下にさくらんぼを書いて5と42を記入します。40とさくらんぼの残りの42を足して，答えは82です。

※：足し算をした結果（答え）。

図 1

1桁＋1桁 **8 ＋ 5 ＝ ?**

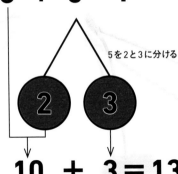

5を2と3に分ける

まず8と2を足すと10になる。つづいて
10と3を足して，答えは13になる。

10 ＋ 3 ＝ 13

図 2

2桁＋1桁 **64 ＋ 7 ＝ ?**

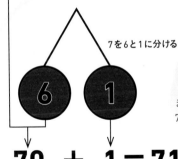

7を6と1に分ける

まず64と6を足すと70になる。つづいて
70と1を足して，答えは71になる。

70 ＋ 1 ＝ 71

図 3

2桁＋2桁 **35 ＋ 47 ＝ ?**

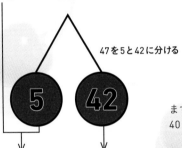

47を5と42に分ける

まず35と5を足すと40になる。つづいて
40と42を足して，答えは82になる。

40 ＋ 42 ＝ 82

さくらんぼ計算は，くり下がりの引き算にも便利！

1年

　さくらんぼ計算は，「くり下がり」のある引き算にも使えます。くり下がりとは，引き算などをすることで，数が一つ下の位まで小さくなることです。

　引き算にさくらんぼ計算を使うには，2通りの方法があります。

　「12－7」を考えてみましょう。まず，引かれる数の12を10と2に分け，さくらんぼの中に書きます（図1）。次に10から7を引き，その答えである3と残りの2を足すと，答えは5となります。

　一方，**引く数を分解して計算する方法もあります。**「12－7」の場合，12から2を引くと10になりますから，7を2と5に分け，さくらんぼの中に書きます（図2）。次に12から2を引き，その答えである10から残りの5を引くと，答えは5となります。

さくらんぼ計算（引き算）

たとえば，12－7では12のほうをさくらんぼに入れると，10－7と3＋2という二つの計算で答えが出せます。7のほうをさくらんぼに入れると，12－2と10－5という二つの計算で答えが出せます。

　さくらんぼ計算は，2桁どうしの差※を求めるくり下がりの引き算にも応用できます。ポイントは，キリのいい数をつくり，計算を簡単にすることです（図3，4）。

※：引き算をした結果（答え）。

2桁−1桁の引き算

図1
引かれる数（12）を分解する

$$12 - 7 = ?$$

(**10**) (**2**)

12を10と2に分ける

まず10から7を引くと3になる。つづいて3と2を足して，答えは5になる。

$$3 + 2 = 5$$

図2
引く数（7）を分解する

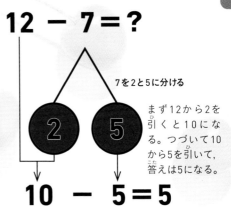

$$12 - 7 = ?$$

(**2**) (**5**)

7を2と5に分ける

まず12から2を引くと10になる。つづいて10から5を引いて，答えは5になる。

$$10 - 5 = 5$$

2桁−2桁の引き算

図3
引かれる数（42）を分解する

$$42 - 17 = ?$$

(**40**) (**2**)

42を40と2に分ける

まず40から17を引くと23になる。つづいて23と2を足して，答えは25になる。

$$23 + 2 = 25$$

図4
引く数（17）を分解する

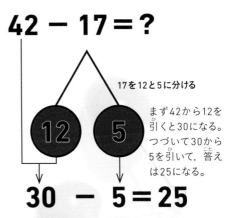

$$42 - 17 = ?$$

(**12**) (**5**)

17を12と5に分ける

まず42から12を引くと30になる。つづいて30から5を引いて，答えは25になる。

$$30 - 5 = 25$$

筆算での足し算を、 2年
硬貨に置きかえて
考える

図1
47 + 86 の筆算

$$
\begin{array}{r}
\overset{1}{47} \\
+86 \\
\hline
133
\end{array}
$$

4＋8＋1
で13なの
で1を百の
位に移す
（くり上げ）

7＋6で13
なので1
を十の位
に移す（く
り上げ）

図2

47 円＝

86 円＝

図3
47 + 86 の筆算（硬貨に置きかえたもの）

（十の位）

+

②10円玉が4＋8＝12枚に、くり上がった
1枚を足して13枚になる。このうち10枚
を100円玉1枚に交換する（くり上がり）

足し算は，同じ位にある数どうしを足すのがルールです。**くり上がりのある足し算の場合，一つ上の位に数が足されます。そのため，足し算では一の位から順に計算していきます。**このように，1桁ずつ答えの数字を書いていくことを「筆算」といいます。たとえば，「47＋86」の筆算は図1のように書きます。**くり上がりの足し算は，硬貨を使うとわかりやすくなります**（図2）。一の位は1円玉の数，十の位は10円玉の数，百の位は100円玉の数と考えるのです。このとき，1円玉10枚で10円玉1枚，10円玉10枚で100円玉1枚になります。これが，くり上がりです。

47円＋86円では，一の位の7円＋6円＝13円なので，10円玉が1枚ふえます。そして，十の位の40円＋80円にくり上がった10円を足すと130円になり，100円玉が1枚できます。以上から，答えは133円になります（図3）。

引き算の筆算にも応用できる

くり下がりのある引き算の筆算も，硬貨に置きかえるとわかりやすくなります。

（一の位）

①1円玉が7＋6＝13枚で，10枚を10円玉1枚に交換する（くり上がり）

かけ算は, 桁ごとに計算して足し合わせる

3年

図1

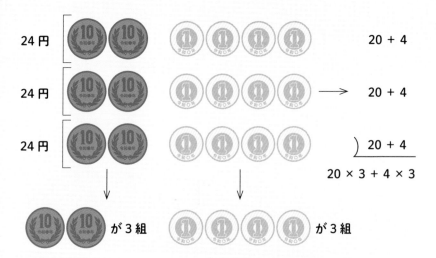

24円 （10が2枚）（1が4枚） 20 + 4

24円 （10が2枚）（1が4枚） → 20 + 4

24円 （10が2枚）（1が4枚） ） 20 + 4

20 × 3 + 4 × 3

10 10 が3組   1 1 1 1 が3組

か け算も、硬貨に置きかえて計算するとわかりやすくなります。「24×3」を例に考えてみましょう。

24×3を硬貨に置きかえると、24円が3組あると考えることができます（図1）。24円は10円玉2枚（20円）と1円玉4枚（4円）です。それが3組あるので、硬貨ごとに考えると、20円×3＝60円、4円×3＝12円と計算できます。1円玉が10枚をこえているので、10円玉1枚と置きかえます。つまり、くり上がりです。その結果、

1円玉は2枚、10円玉は6+1＝7枚となり、答えは72円です。

次に、24×3の筆算をみてみましょう（図2）。まず、かけられる数（この場合24）を一の位と十の位に分け、位ごとに、かける数（この場合3）をかけていきます。そして、別々に出た数を足し合わせることで答えが求まります。つまり、**かけ算は桁ごとに計算をしてから、あとで足し合わせているのです**。なお、かけ算の答えのことを「積」といいます。

かけ算の筆算

筆算での計算（図2）では、24×3は、20×3と4×3を別々に計算しています。これを式であらわすと、24×3＝20×3+4×3となり、24円全体を3倍することと、24円を20円と4円に分けてそれぞれを3倍してから足すことは、同じだとわかります。

図2

$$24$$
$$\times \quad 3$$
$$72$$

←24を20と4に分ける

24×3＝(20+4)×3

2×3は6で、これにくり上がった10（＝1）を足す

4×3は12で、十の位に1くり上がる

Column コーヒーブレイク
COFFEE BREAK

2桁のかけ算が簡単にできる「インド式計算法」

2桁のかけ算が簡単にできる

12×13を3ステップで計算する方法を示しました。ただし，この方法は11×11から19×19までのかけ算にしか適用できません。

1. 一方の数ともう一方の数の一の位の数の和をとり，10をかける

$$1\,2 \times 1\,3$$

$$(1\,2 + 3) \times 10 = 150$$

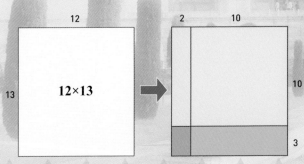

辺の長さが12と13の長方形を考えます。12×13の答えが長方形の面積になります。

上のように，長方形を四つに分割します。

近年話題の「インド式計算法」から、11×11 ～ 19×19 を瞬時に計算できる便利な方法を紹介します。

　たとえば，「12×13」をインド式の計算法で解いてみましょう。まず，かけられる数「12」と，かける数の一の位「3」を足し算し，得られた数である 15 に 10 をかけます。結果，150 が得られます（**1**）。次に，12 と 13 それぞれの一の位の数どうしをかけ算します。2×3＝6 です（**2**）。そして，最初に計算した 150 と 6 を足して得られた 156 が，12×13 の答えです（**3**）。

　同様に，「18×19」の場合は，18 ×19＝（18＋9）×10＋8×9＝270＋72＝342 となります。**この計算法は通常の筆算よりもシンプルなため，練習をくりかえせば，頭の中で計算できるようになります。**

　なぜ，このような計算方法で答えを得られるのかは，四角形の面積を使って説明することができます（下の段の図）。

2. 1の位の数どうしをかけ算する

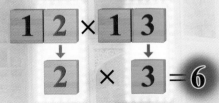

3. 1.と2.の和をとる

$=150+6=156$

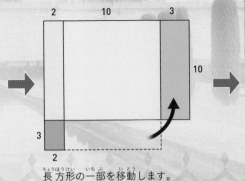

長方形の一部を移動します。

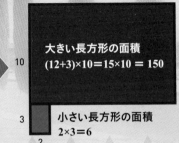

大きい長方形の面積
$(12+3)×10＝15×10 ＝ 150$

小さい長方形の面積
$2×3＝6$

大きい長方形の面積（150）と小さい長方形の面積（6）の和が，もとの長方形の面積になります。

割り算は,桁ごとのかけ算で計算する

4年

割り算の筆算

96÷4の筆算をみると,8 (80) は4×2 (4人に20円ずつ),16は4×4 (4人に4円ずつ) という,桁ごとのかけ算で求めていることがわかります。96÷4は余りが0になるので,96は4で「割り切れる」といいます。なお,2で割り切れる整数のことを「偶数」,2で割り切れない整数のことを「奇数」といいます。

図1

2桁÷1桁の筆算

※2:割り算をした結果 (答え)。

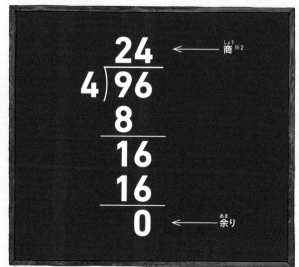

商※2

余り

22

割り算も，硬貨を使うとわかりやすくなります。たとえば「96÷4」は，96円分の硬貨を4人に同じ枚数ずつ分けたときの一人分の値と考えられます。

96円は，10円玉が9枚，1円玉が6枚です。それぞれ4人に分けていくと，10円玉は2枚ずつ配れますが，1枚余ります。そこで，この10円玉を1円玉10枚にくずし，残りの6円と合わせて，16円を4人に分けます。すると，一人4円ずつ配れるので，答

えは24円になります。

　割り算の筆算では，大きい位から計算します。割られる数を十の位，一の位，というように分けて，大きい位から順に割り算をしていくのです。

　「331÷85」のような大きな数の場合は，「概数※1を考える」のがポイントです（図2）。たとえば，331を「330」，85を「90」と考えて計算してみます。330÷90＝3余り60なので，答えの一の位には3がくると見当をつけて331÷85を計算します。

※1：おおよその数のこと。30ページでくわしく説明。

図2

大きな数の割り算

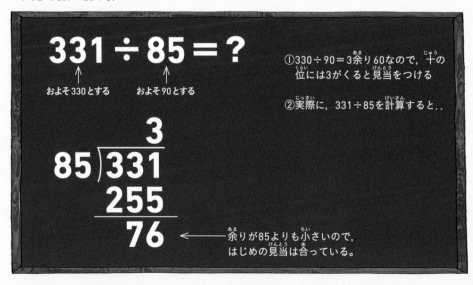

331÷85＝？

およそ330とする　　およそ90とする

①330÷90＝3余り60なので，十の位には3がくると見当をつける

②実際に，331÷85を計算すると…

$$85\overline{)331}$$ 商 3

255

76 ← 余りが85よりも小さいので，はじめの見当は合っている。

＋,－,×,÷

4年

がまじった
計算のルール

四則演算がまじった計算の3か条

たとえば，下の黒板の**1**の式では24÷3を先に計算し，その答えに2をかけます。**2**の式では，8×2を計算したあとに5と16を足します。**3**の式のように，かっこがある場合は，まずかっこの中の計算からはじめます。

1.左から順に計算する（足し算と引き算のみ，かけ算と割り算のみの場合）

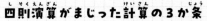

$$24÷3×2=8×2=16$$

2.足し算や引き算よりも，かけ算や割り算を先に計算する

$$5＋8×2=5＋16=21$$

3.かっこのある式では，かっこの中を先に計算する

$$4×(9－2)=4×7=28$$

こまで，足し算，引き算，かけ算，割り算をみてきました。この四つをまとめて「四則演算」または「加減乗除」といいます。「演算」とは「計算する」という意味です。

四則演算がまじった計算を行う際に，必ず覚えておかなければいけないポイントがあります。それは，「計算の順番には，三つのルールがある」ということです。

一つ目は「左から順に計算する」です。これは足し算と引き算のみ，かけ算と割り算のみの計算に当てはまります。

二つ目は「足し算，引き算，かけ算，割り算がまじった式では，かけ算や割り算を先に計算する」です。

三つ目は，「かっこのある式では，かっこの中を先に計算する」です。かっこがいくつも重なっている場合は，内側のかっこの中から計算します。

これらのルールにしたがって計算しないと，結果が変わってしまうので注意しましょう。

例題

次の計算をしてみましょう。

① $6+84÷4×2-35$
② $35-7×(16-12)+10$

解答

① $6+84÷4×2-35=6+21×2-35$
$=6+42-35=48-35=13$
この式には四則演算すべてがあるので，先にかけ算と割り算を左から計算する。

② $35-7×(16-12)+10$
$=35-7×4+10=35-28+10$
$=7+10=17$
この式にはかっこがあるので，その中を先に計算する。

足し算とかけ算をより 簡単にする法則

4年

四則演算のうち，足し算とかけ算では，「交換法則」と「結合法則」がなりたちます。とても重要な法則ですので，しっかりおさらいしましょう。

交換法則とは「数を並べかえても（交換しても）答えは同じになる」という法則です（右の黒板1）。まずは，足し算からみていきましょう。

（例1）$17 + 26 + 33 = 17 + 33 + 26$
$$= 50 + 26 = 76$$

この例の場合，左から順番に足していくよりも，交換法則を使って17と33を先に足して50を求め，それに26を足したほうが，計算がより簡単になります。

次に，かけ算をみていきましょう。

（例2）$2 × 17 × 5 = 2 × 5 × 17$
$$= 10 × 17 = 170$$

この例の場合，左から順番にかけていくよりも，交換法則を使って17と5を交換し，2と5を先にかけて10を求め，それに17をかけたほうが計算がより簡単になります。

つづいて紹介する**結合法則は，**「どこから計算しても，答えは同じになる」という法則です（右の黒板2）。足し算からみていきましょう。

（例3）$17 + 18 + 32 = 17 + (18 + 32)$
$$= 17 + 50 = 67$$

この例の場合，左から順番に足していくよりも，結合法則を使って18と32を先に足し，最後に17と50を足すことで計算がより簡単になります。

次に，かけ算をみていきましょう。

（例4）$6 × 25 × 4 = 6 × (25 × 4)$
$$= 6 × 100 = 600$$

この例の場合，左から順番にかけていくよりも，結合法則を使って25と4を先にかけて100を求め，6と100をかけたほうが計算がより簡単になります。

また，**四則演算のすべてにおいてなりたつ法則に，分配法則があります**（右の黒板3）。交換法則や結合法則と同様に，分配法則を利用して計算をくふうすることで，より簡単に答えをみちびきだすことができます。

交換法則と結合法則

四則演算の重要な法則である，「交換法則」と「結合法則」，および分配法則を下に示しました。交換法則と結合法則は，足し算とかけ算でなりたつ法則です。一方，足し算や引き算とかけ算や割り算の間には，3のような法則がなりたちます。

---

1. 交換法則

$$○＋△＝△＋○$$

$$○×△＝△×○$$

2. 結合法則

$$○＋△＋□＝○＋（△＋□）$$

$$○×△×□＝○×（△×□）$$

3. 分配法則

$$（○＋△）×□＝○×□＋△×□$$

$$（○－△）×□＝○×□－△×□$$

$$（○＋△）÷□＝○÷□＋△÷□$$

$$（○－△）÷□＝○÷□－△÷□$$

【練習問題】

四則演算がまじった計算に挑戦しよう

Q

交換法則，結合法則，分配法則を使って，次の計算の答えを求めましょう。

① $34 \times 5 + 16 \times 5$

② 24×101

③ 98×7

④ 102×25

⑤ $37 + 98 + 2$

⑥ $12 \times 25 \times 4$

⑦ $57 + 185 + 3$

⑧ $125 \times 27 \times 8$

⑨ $59 + 28 + 72$

⑩ 98×6

こまで四則演算がまじった計算の三つのルール（24ページ）と，四則演算に便利な三つの法則（26ページ）をみてきました。どちらも小学校4年生までに学ぶ内容です。「このころの計算は楽しいな」と思ったり，「意外にむずかしいこ

と勉強してたんだ」と思ったりしたのではないでしょうか。

　それではさっそく，練習問題に挑戦してみましょう。ポイントは，**どの数とどの数を先に計算すればより簡単に答えがみちびきだせるかを考え，計算の順番をくふうする**ことです。

A

① $34 \times 5 + 16 \times 5 = (34 + 16) \times 5 = 50 \times 5 = 250$

② $24 \times 101 = 24 \times (100 + 1) = 24 \times 100 + 24 \times 1 = 2400 + 24 = 2424$

③ $98 \times 7 = (100 - 2) \times 7 = 100 \times 7 - 2 \times 7 = 700 - 14 = 686$

④ $102 \times 25 = (100 + 2) \times 25 = 100 \times 25 + 2 \times 25 = 2550$

⑤ $37 + 98 + 2 = 37 + (98 + 2) = 37 + 100 = 137$

⑥ $12 \times 25 \times 4 = 12 \times (25 \times 4) = 12 \times 100 = 1200$

⑦ $57 + 185 + 3 = (57 + 3) + (140 + 45) = (60 + 140) + 45 = 200 + 45 = 245$

⑧ $125 \times 27 \times 8 = (125 \times 8) \times 27 = 1000 \times 27 = 27000$

⑨ $59 + 28 + 72 = 59 + 28 + 70 + 2 = (28 + 2 + 70) + 59 = 100 + 59 = 159$

⑩ $98 \times 6 = (100 - 2) \times 6 = 100 \times 6 - 2 \times 6 = 600 - 12 = 588$

おおよその 数を求める 「概数」

おおよその数のことを「概数」といいます。「およそ5000人」「約3パーセント」といった表現をし，数の大まかな量がわかればよいというときに使います。

概数が使えると，日常の買い物などが便利になります。ここでは，数を概数にかえる方法をみていきましょう。

数を概数にするには，「切り捨て」「切り上げ」「四捨五入」という三つの方法があります。たとえば，次の数を一万の位の概数にするときは，千の位に注目します。

34987 →30000（切り捨て）
　　　 →40000（切り上げ）
　　　 →30000（四捨五入）

切り捨てでは，一万の位の数字はそのままで，千の位以下はすべて0にします。切り上げでは，千の位以下の数が1以上ならば一万の位の数字を一つ大きくし，あとはすべて0にします。四捨五入では，千の位が0，1，2，3，4のときは切り捨て，5，6，7，8，9のときは切り上げます。あとはすべて0にします。

通常，概数にする場合，四捨五入するのが一般的です。求めようとする位の一つ下の位に注目し，その値を四捨五入します。

右ページの図のように，概数にしてから計算すると，足す量が多くても，だいたいの結果を見積もることができます。**概数にしてから計算することを「概算」といいます。**

概数を使って数に強くなる

日常生活でよく使われる概数の例を示しました。買い物をするときには，商品の値段を概数で考えることで計算しやすくなります。予算をこえないように買い物をしたいときは，値段の数値の先頭から2桁目を切り捨てて計算するといいでしょう。

買い物した商品の合計金額はいくら？

1. それぞれの商品の値段の先頭から2桁目を四捨五入して概数にする

537円 ⇨ **500**円

198円 ⇨ **200**円

128円 ⇨ **100**円

98円 ⇨ **100**円

777円 ⇨ **800**円

2. 概数にした数値を足す

正確な計算	概数の計算
128	**100**
537	**500**
198	**200**
777	**800**
98	**100**
1738	**1700**

大まかな合計金額がすばやく把握できる！

「約数」とは, ある整数を 割り切れる整数

5年

8と12の約数

二つの整数の約数は下のような「ベン図」であらわせます。8の約数と 12の約数をそれぞれ円の中に書き, 二つの円の重なる部分に共通の約数 (公約数) を置きます。公約数の中でいちばん大きい数が, 最大公約数で す。なお,「公約数は, 最大公約数の約数」になります。

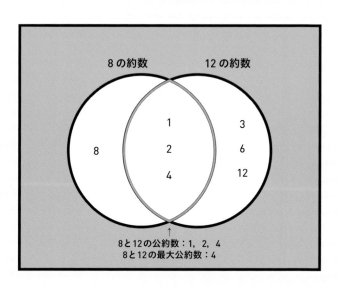

8と12の公約数:1, 2, 4
8と12の最大公約数:4

ある整数を割り切ることのできる整数を，その数の「約数」といいます。たとえば8は，8÷1＝8，8÷2＝4，8÷4＝2，8÷8＝1のように，1，2，4，8で割り切れるので，これらは8の約数です。このように，ある数の約数は一つだけとはかぎりません。

別々の二つの数の約数の中に，共通する数がある場合があります。そうした数を，その二つの数の「公約数」といいます。では，8と12の公約数をさがしてみましょう。8の約数は1，2，4，8です。一方，12の約数は1，2，3，4，6，12です。どちらの約数にも1，2，4が含まれるので，1，2，4が8と12の公約数です。**公約数の中でいちばん大きい数を「最大公約数」といいます。**8と12の公約数（1，2，4）の中で最も大きい数4が，8と12の最大公約数です。

公約数や最大公約数をみつける方法として，右ページに示した「連除法（はしご算）」があります。

連除法（はしご算）のやり方：最大公約数の場合

① 2) 12 18 30

12と18と30の公約数

6 9 15 ←2で割った商を書く

② 2) 12 18 30

3) 6 9 15

6と9と15の公約数

2 3 5 ←3で割った商を書く

③ 2) 12 18 30

3) 6 9 15

2×3＝6で最大公約数が6と求められる

2 3 5

33

九九は，
1桁の数の
「倍数」のこと

5年

8と12の倍数

約数と同様に，二つの整数の倍数は下のような「ベン図」であらわすことができます。8の倍数と12の倍数をそれぞれ円の中に書き，二つの円の重なる部分に共通の倍数（公倍数）を置きます。公倍数の中で最も小さな数が最小公倍数で，「公倍数は，最小公倍数の倍数」になります。なお，倍数は無限に大きくなるため，「最大公倍数」は存在しません。

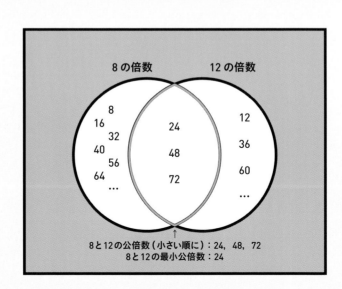

8と12の公倍数（小さい順に）：24，48，72
8と12の最小公倍数：24

ある整数の整数倍（1倍，2倍，3倍……）になっている整数を，その整数の「倍数」といいます。実は，「九九」は1桁の数をそれぞれ9倍まで計算した倍数なのです。

別々の二つの数の倍数を並べていくと，必ず共通する数があらわれます。そうした数を，その二つの数の「公倍数」といいます。また，公倍数のうち，最も小さい数を「最小公倍数」といいます。

では，8と12の公倍数を求めてみ

ましょう。

8の倍数は8，16，24，32，40，48，56，64，72……です。一方，12の倍数は12，24，36，48，60，72……です。ここまでで，24，48，72がどちらの倍数にも含まれるので，これらは8と12の公倍数です。この中で最も小さい24が，8と12の最小公倍数となります。

前ページで紹介した連除法（はしご算）は，公倍数や最小公倍数をみつける方法としても使われます。

連除法（はしご算）のやり方：最小公倍数の場合

① $2 \overline{)\,8\quad 25\quad 30}$

8と30の公約数

$\quad\quad 4\quad 25\quad 15$

←2で割った商を書く
（2で割れない25はそのままおろす）

② $2 \overline{)\,8\quad 25\quad 30}$

$5 \overline{)\,4\quad 25\quad 15}$

25と15の公約数

$\quad\quad 4\quad 5\quad 3$

←5で割った商を書く
（5で割れない4はそのままおろす）

③ $2 \overline{)\,8\quad 25\quad 30}$

$5 \overline{)\,4\quad 25\quad 15}$

$\quad\quad 4\quad 5\quad 3$

2×5×4×5×3＝600で
最小公倍数が600と求められる

九九の答えをなぞると図形ができる!

　九九をあるルールにしたがって視覚化すると，おもしろい規則性がみえてきます。

　まず円を九つ用意します。それぞれ円周を10等分する点をとり，12時の方向から時計まわりに，0から9までの数字を割りあてます。これで準備は完了です。九九のそれぞれの段について，答えの一の位の数を順になぞっていきます。

　たとえば，1の段は，1×0＝0からはじまり，0→1(1×1＝1)→2(1×2＝2)→……→9(1×9＝9)の順になぞり，最後は0(1×10＝10)にもどって終了します。えがかれた図形は正十角形です。2の段は0→2(2×1＝2)→4(2×2＝4)→……→8(2×9＝18)→0(2×10＝20)の順で，正五角形になります。この操作を9の段まで行ったのが右の図です。何か気づきませんか？

　まず，いずれの段も，最初(×0)は0からはじまり，最後(×10)も必ず0で終わります。また，**1の段と9の段，2の段と8の段，3の段と7の段，4の段と6の段が，それぞれ同じ図形をえがいています**。1＋9＝10，2＋8＝10のように，足すと10になる数の段どうしが，同じ図形をえがいているのです。

　この謎の答えを下の囲みにしるしましたが，まずは自分で考えてみましょう。

足して10になるペアの図形が同じ形になる理由

　4の段の星形の図形は，時計まわりに四つはなれた点に向けて線を引く操作のくりかえしでつくられます。一方6の段は，時計まわりに六つはなれた点に向けて線を引く操作のくりかえしでつくられます。見方を変えると，6の段のくりかえしの操作は「反時計まわりに四つはなれた点に向けて線を引く」とも解釈できます。つまり，6の段は4の段の答えがえがく星形の図形を，逆順になぞったものなのです。1と9，2と8，3と7の段も同様です。したがって，足して10になる数の段のペアは，同じ図形をえがくのです。

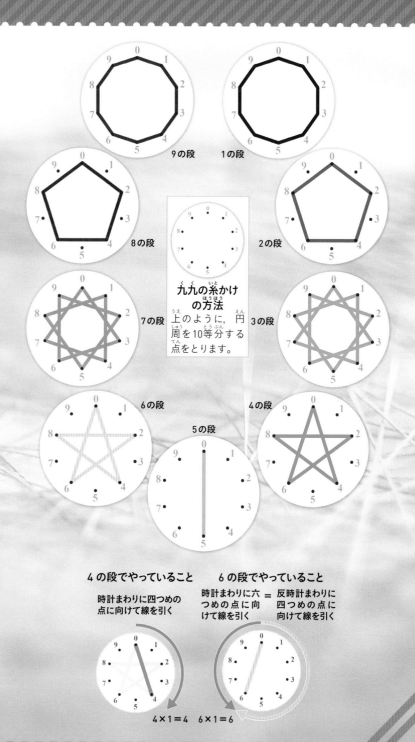

9の段 1の段

8の段 2の段

**九九の糸かけ
の方法**
上のように，円
周を10等分する
点をとります。

7の段 3の段

6の段 4の段

5の段

4の段でやっていること

時計まわりに四つめの
点に向けて線を引く

6の段でやっていること

時計まわりに六
つめの点に向
けて線を引く ＝ 反時計まわりに
四つめの点に
向けて線を引く

4×1＝4　6×1＝6

37

2

意味の理解がポイント
「小数と分数の計算」

数の世界には，1，2，3，……ではあらわせないものがたくさんあります。整数と整数の間の数もあつかえる小数と分数は，数の世界を大きく広げてくれます。2章では，小数と分数の基本的な意味から，その計算方法をみていきましょう。

1を
10等分した
一つ分が0.1

3年

数直線の上の小数

小数は，直線の上に同じ間隔で目盛りを入れた「数直線」で考えるとわかりやすくなります。右下の数直線では，1.0，2.0，3.0，4.0という目盛りの中に，それぞれを10等分した目盛りがあります。いちばん小さい目盛りは，0.1（赤字）です。こうして見ると，0.3，1.6，2.9，3.7がどのくらいの大きさかが，一目でわかります。

ま ずは「小数」をおさらいしましょう。**小数とは，下に示した3.869のような数で，数字の間にある点 (.) を「小数点」といいます。**

小数点の左側は，整数の位がつづいていきます。一方，**小数点の右側は1よりも小さな数をあらわす位がつづき，順に小数第1位，小数第2位，小数第3位，……とよびます。**つまり小数とは1より小さい部分の大きさをあらわすことができる数なのです。

1を10等分した一つ分が0.1，1を100等分した一つ分が0.01，1を1000等分した一つ分が0.001です。「1を10等分した一つ分」とは，1÷10（$\frac{1}{10}$）のことです。したがって，数を$\frac{1}{10}$倍，$\frac{1}{100}$倍，$\frac{1}{1000}$倍，……すると，位はそれぞれ1桁，2桁，3桁，……ずつ小さくなり，小数点が一つずつ左に移ります。逆に，小数を10倍，100倍，1000倍，……すると，位はそれぞれ1桁，2桁，3桁，……ずつ大きくなり，小数点が一つずつ右に移ります。

小数の表記

3.869

一の位

小数点

小数第1位
0.1が8個

小数第2位
0.01が6個

小数第3位
0.001が9個

0.1 0.3　　　　1.6　　　　2.9　　　3.7
0　　　1.0　　　2.0　　　3.0　　　4.0

小数の 足し算・引き算では, 小数点をそろえる

3年

小数でも,四則演算（24ページ）ができます。ここでは,小数の足し算と引き算の筆算をみていきましょう。

小数の筆算で大事なのは,小数点をそろえることです。

まずは足し算です。「4.87＋3.1」（例1）は,小数第2位まである数と,小数第1位までの数の足し算です。この場合,4.87と小数点の位置をそろえるために,3.10とします。あとは,整数の487＋310と同じように計算をし,答えには問題と同じ位置に小数点をつけます。

「2.46＋3.14」（例2）の場合,整数の246＋314と同じように計算すると,答えは560です。**問題と同じ位置に小数点をつけると5.60となりますが,小数第2位の0は不要ですので,答えは5.6となります。**

小数点は,いったん忘れて計算する

小数の足し算と引き算を筆算で行う際には,「小数点をそろえて書く」ことが重要です。そして整数と同じように計算をし,最後に小数点をおろしていきます。

小数の引き算の筆算も,小数点をそろえて整数と同じように計算します。引き算でも,答えに小数点をつけるのを忘れないようにしましょう。また,答えの右端の0は足し算と同じように不要ですが,左端が一の位で0になる場合は,0が必要になるので注意しましょう。

小数には，ある位から下のすべての位が0のとき，その0を書かないというルールがあります。

小数の足し算

(例1)

$$\begin{array}{r} 4.87 \\ +\ 3.1\textcolor{gray}{0} \\ \hline 7.97 \end{array}$$

小数点をそろえるため，3.1に0をつける

(例2)

$$\begin{array}{r} 2.46 \\ +\ 3.14 \\ \hline 5.60 \end{array}$$

答えの小数第2位の0は書かない

小数の引き算

(例3)

$$\begin{array}{r} 5.85 \\ -\ 1.2\textcolor{gray}{0} \\ \hline 4.65 \end{array}$$

小数点をそろえるため，1.2に0をつける

(例4)

$$\begin{array}{r} 4.95 \\ -\ 2.37 \\ \hline 2.58 \end{array}$$

10（＝1）をくり下げたので，8から3を引く

5から7は引けないので，十の位から10をくり下げ，15から7を引く

小数のかけ算は、「点」を打つ位置がポイント

4年

　づいて、小数のまじったかけ算の筆算をみていきましょう。まずは、小数と整数のかけ算である「4.5 × 7」（例1）を求めてみます。

　小数の足し算や引き算では、小数点をそろえて書きました（前ページ）。**小数のまじったかけ算で大事なのは、まず最初に、整数どうしのかけ算にかえることです。**この場合、4.5 × 7を45 × 7になおして計算します。結果は315です。

　ところが、4.5を45にかえたということは、4.5を10倍したことになります。40ページで説明したように、10倍すると小数点の位置は右に一つ移ります。つまり、315はほんとうの答えより10倍大きいので、最後は10で割らないといけません。10で割ると、小数点を左に一つ移すことになります。こうして、31.5という答えにたどりつきました。

小数のかけ算

小数のかけ算を筆算で行う際には、「まず整数の形で計算し、最後に小数点を移動する」ことがポイントです。

　次に、「2.53 × 7.9」（例2）を求めてみましょう。**小数と小数のかけ算の場合、二つの小数を整数にしなければなりません。**つまり、2.53を100倍して253、7.9を10倍して79にするため、式全体で100 × 10 ＝ 1000倍することになります。そこで、253 × 79で得られた19987を1000で割ります。1000で割ると、小数点を左に三つ移すことになるため、答えは19.987になります。

小数×整数のかけ算

（例１）

① 4.5を10倍し，45として かけ算する

② ①のかけ算で得られた答え（＝315）は求めたい答えの10倍になっているので，10で割る（小数点を左に一つ移動させる）

$$
\begin{array}{r}
4.5 \\
\times \quad 7 \\
\end{array}
\rightarrow
\begin{array}{r}
4.5 \\
\times \quad 7 \\
\hline
315. \\
\end{array}
\rightarrow
\begin{array}{r}
4.5 \\
\times \quad 7 \\
\hline
31.5 \\
\end{array}
$$

小数×小数のかけ算

（例２）

① 2.53を100倍して253にする。7.9を10倍して79にする。そしてかけ算をする

② ①のかけ算で得られた答え（＝19987）は求めたい答えの1000倍になっているので，1000で割る（小数点を左に三つ移動させる）

$$
\begin{array}{r}
2.53 \\
\times \quad 7.9 \\
\end{array}
\rightarrow
\begin{array}{r}
2.53 \\
\times \quad 7.9 \\
\hline
2277 \\
1771 \quad \\
\hline
19987. \\
\end{array}
\rightarrow
\begin{array}{r}
2.53 \\
\times \quad 7.9 \\
\hline
2277 \\
1771 \quad \\
\hline
19.987 \\
\end{array}
$$

小数の割り算では，

割る数を整数にかえる

5年

小数÷小数の計算方法（例2）

小数÷小数の割り算でも，まずは割る数を整数にするために小数点を移します。そして，割られる数の小数点も，同じだけ移します。割る数を整数にしても，割られる数が小数のままの場合はそのまま計算し，最後に，割られる数と同じ位置（移動したあと）に小数点をつけます。

（例1）

整数÷小数の割り算

① 56と0.08の小数点をそれぞれ右に二つ移動させる

② 5600÷8の筆算を行う

$$0.08 \overline{)56} \rightarrow 0.08 \overline{)56.00} \rightarrow 8 \overline{)5600.}$$

$$
\begin{array}{r}
700 \\
8 \overline{)5600.} \\
56 \\
\hline
0 \\
0 \\
\hline
0 \\
0 \\
\hline
0
\end{array}
$$

小数の割り算で大事なのは、「割る数」を整数にすることです。

「56 ÷ 0.08」で考えてみましょう（例1）。この計算の割る数は、0.08です。0.08を8にするには、小数点を右に二つ移します。これは、0.08を100倍することと同じです。次に、割られる数の小数点も右に2桁移して100倍します。そうしないと、答えが変わってしまうのです。したがって、56 ÷ 0.08 = 5600 ÷ 8 = 700となります。

実は割り算には、「割る数と割られる数に同じ数をかけても、答えは変わらない」という性質があります。

56 ÷ 0.08は、56メートルのひもを0.08メートルずつ切ることを考えるとわかりやすくなります。56メートルのひもを0.08メートルずつ切ると、700本の切れはしができます。また、5600メートルのひもが存在したとして、それを8メートルずつ切っても700本の切れはしができ、答えは変わりません。

（例2）

小数 ÷ 小数の割り算

①16.92と4.7の小数点をそれぞれ右に一つ移動させる

②169.2 ÷ 47の筆算を行う

$$4.7 \overline{)16.92} \quad \rightarrow \quad 4.7 \overline{)16.9.2} \quad \rightarrow \quad 47 \overline{)169.2}$$

```
        3.6
  47 )169.2
     141
      28 2
      28 2
         0
```

2年

1を
8等分したうちの
一つ分が $\frac{1}{8}$

　こからは,「分数」についてみていきます。右のように, ピザを八つに分けたとしましょう。ピザの全体を1とすると, 1切れの量はどれくらいでしょうか?

　分数は,「1を何等分かしたうちのいくつ分か」をあらわすものです。このピザの場合は「1を8等分」したので, 1切れは $\frac{1}{8}$ になります。

　分数の上の数を「分子」, 下の数を「分母」といいます。分母よりも分子が小さい分数を「真分数」, 分子が分母以上の分数を「仮分数」といいます。仮分数は1以上の数です。

　たとえば, ピザが2枚あり, 1枚全部と8等分した1切れを食べたときの量は, $1\frac{1}{8}$ となります。このように, 整数と分数(真分数)を合わせた数を「帯分数」といいます。

　仮分数を帯分数になおしたり, 帯分数を仮分数になおしたりすることで, 分数の計算が簡単にできるようになる場合があります。

分数

8等分したピザのイメージです。ピザの1切れは $\frac{1}{8}$ 枚, 残りの部分は $\frac{7}{8}$ 枚とあらわすことができます。

分数の表記
ぶんすう ひょうき

$$\frac{1}{3}$$

← 分子

← 分母

真分数：1よりも小さい分数。$\frac{2}{3}$など。
しんぶんすう　　　　　ちい　　ぶんすう

仮分数：1以上の分数。$\frac{4}{4}$や$\frac{7}{6}$など。
かぶんすう　　　いじょう　ぶんすう

帯分数：整数と真分数の和になってい
たいぶんすう　せいすう　しんぶんすう　わ
る分数。$7\frac{2}{5}$など。
ぶんすう

約分のしかた，通分のしかた

5年

分数には，「分母と分子に同じ数をかけても，大きさは変わらない」という性質があります。また，分母と分子を同じ数で割っても，分数の大きさは変わりません（図1）。この性質を利用したのが「約分」と「通分」です。

約分とは，分子と分母を同じ数で割って，簡単な分数になおすことをいいます。たとえば，$\frac{36}{48}$ を約分してみましょう。48と36は，ともに3で割り切れます。3で割った場合は $\frac{12}{16}$ になります。さらに4で割り切れるので，$\frac{3}{4}$ になります。このように，約分では，「約分できるところまでする」という決まりになっています。

ところで，このように2段階に分けて約分するのではなく，最初から12で割れば，1回で $\frac{3}{4}$ を得られます。12は，36と48の最大公約数（32ページ）です。つまり**約分する場合は，「分子と分母の最大公約数で割る」ということになります。**

次に，通分をみていきましょう。

計量カップと分数

計量カップには一般に，液量をあらわす $\frac{1}{2}$，$\frac{2}{3}$，$\frac{3}{4}$ といった分数の目盛りがついています（右上）。たとえば $\frac{2}{3}$ カップと $\frac{3}{4}$ カップは通分すると $\frac{8}{12}$ カップ，$\frac{9}{12}$ カップとなるので，$\frac{3}{4}$ カップの方が量が多いことがわかります。

通分とは，分母がことなる二つ以上の分数を，分母が同じ分数になおすことをいいます。

たとえば，$\frac{2}{7}$ と $\frac{3}{4}$ を通分してみましょう。まず，$\frac{2}{7}$ の分子と分母に4をかけて，$\frac{8}{28}$ にします。一方，$\frac{3}{4}$ の分子と分母に7をかけて，$\frac{21}{28}$ にします。これにより通分できました。

なお，通分では「分母をできるだけ小さい数にそろえる」という決まりがあります。したがって，**分母がことなる二つ以上の分数を通分するには，「それぞれの分母の最小公倍数（34ページ）を分母にする」ことになります。**

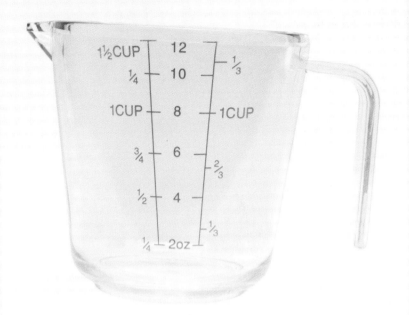

図 1

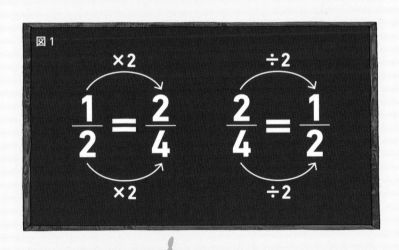

$\frac{1}{2}$は、分母と分子それぞれに 2 をかけると $\frac{2}{4}$ になります。逆に $\frac{2}{4}$ は、分母と分子それぞれを 2 で割ると $\frac{1}{2}$ になります。$\frac{1}{2}$ と $\frac{2}{4}$ は、形はちがうけれど同じ大きさの分数なのです。

分数の足し算・引き算は，分母をそろえて計算する

5年

こからは，分数の四則演算についてみていきます。まずは，足し算と引き算です。

分数の足し算・引き算を行うには，まず最初に通分（前ページ）して分母をそろえます。 分母をそろえたら，右ページのピザの例で示すように，"ピザの1切れ"を基準にした足し算・引き算で考えることができます。

まずは「$\frac{1}{3} + \frac{5}{12}$」（①）を求めてみましょう。最初に通分します。3と12の最小公倍数は12ですから，$\frac{1}{3}$の分子と分母に4をかけて$\frac{4}{12}$とします。分母がそろったところで足し算すると，$\frac{4}{12} + \frac{5}{12} = \frac{9}{12} = \frac{3}{4}$となります。最後は「約分」（前ページ）をしていることに注意しましょう。

「$\frac{5}{6} - \frac{1}{4}$」（②）も，通分をすると$\frac{10}{12} - \frac{3}{12} = \frac{7}{12}$と求まります。**分数の足し算・引き算は，分母がそろえば，あとは分子の足し算・引き算をするだけなのです。**

ピザを12分割

右に示した問題①②ともに，通分すると分母が12になります。つまり，足す数と足される数（または引く数と引かれる数）はピザを12分割したうちの何切れ分かであらわすことができます。たとえば，$\frac{1}{3}$（ピザを3分割した1切れ）はピザを12分割した4切れ分に相当します。

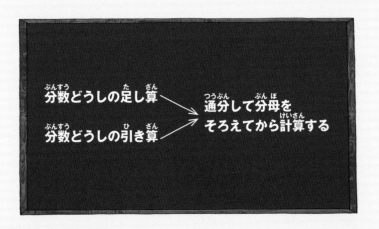

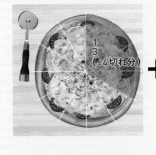 **+**  **=**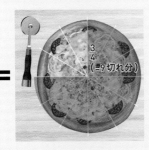

② $\frac{5}{6} - \frac{1}{4}$

 **−**  **=**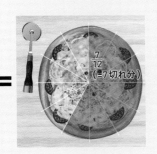

分数のかけ算は、
分母どうし・分子どうし
をかける

分数どうしのかけ算は、分母どうし、分子どうしをかけることで、答えを求めることができます。

$$\frac{3}{7} \times \frac{3}{4} = \frac{3 \times 3}{7 \times 4} = \frac{9}{28}$$

なぜ、分数のかけ算では、分母どうし、分子どうしをかけることで答えが得られるのでしょう。その理由は、右ページに示したタイル図を使うとよくわかります。

タイルを縦に7枚、横に4枚並べると、ちょうど縦と横が1メートルの正方形になるとします。この正方形の広さをあらわす「面積」（くわしくは3章）は、縦と横の長さをかけた値で求まります。この場合はタイル28枚分で、大きさは1です。タイル一つ分の面積Bは、$\frac{1}{7} \times \frac{1}{4} = \frac{1}{28}$ 平方メートルです。

一方、Aの面積は $\frac{1}{28}$ 平方メートルのタイルが $3 \times 3 = 9$ 枚分なので、$\frac{9}{28}$ 平方メートルになります。以上のことから、$\frac{3}{7} \times \frac{3}{4}$ の計算は、分母どうし、分子どうしをかけることで得られることがわかりました。

縦7枚、横4枚で敷き詰められたタイル

1メートル四方の正方形の縦を7等分、横を4等分してタイルを敷き詰めます。タイル1枚分（B）の長さは縦が $\frac{1}{7}$ メートル、横が $\frac{1}{4}$ メートルとなるので、縦3枚×横3枚の長方形（A）の面積は、$\frac{3}{7} \times \frac{3}{4}$ 平方メートルとあらわされます。

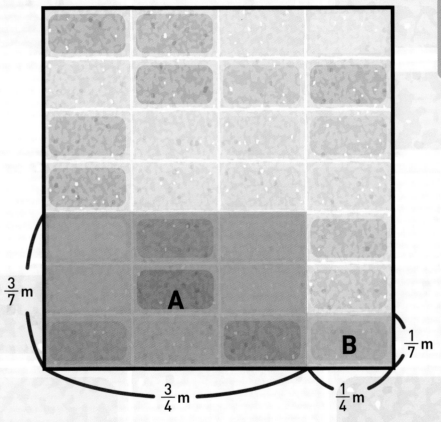

$\frac{3}{7}$ m

$\frac{1}{7}$ m

A

B

$\frac{3}{4}$ m

$\frac{1}{4}$ m

分数の中には, 割り算が含まれている！

6年

算数の授業では，分数の割り算は「割る数の分母と分子をひっくりかえしてかけ算する」と習います。しかし，なぜそんなことをするのでしょうか？

　ここでは，分数の割り算が分子と分母をひっくりかえしてかけ算することになる理由を，二つの観点から解説します。

　まず，「10÷2」という割り算を考えてみましょう。この式の「÷2」を「$\times \frac{1}{2}$」に置きかえて「$10 \times \frac{1}{2}$」としても，多くの人は違和感がないでしょう。この置きかえは，「÷2」を「$\div \frac{2}{1}$」ととらえれば，割る数の分子と分母を入れかえてかけ算していることになります。

　また，そもそも分数は「分子を分母で割り算した答え」をあらわします。$\frac{1}{2}$ という数は1÷2という計算の答えです。つまり，分数の中には割り算が含まれており，逆にいえば $a \div b$ という割り算は，$\frac{a}{b}$ という分数をつくる演算だともいえるのです。

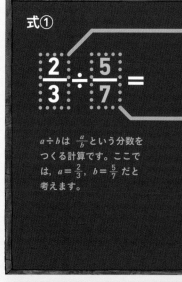

式①

$$\frac{2}{3} \div \frac{5}{7} =$$

$a \div b$ は $\frac{a}{b}$ という分数をつくる計算です。ここでは，$a = \frac{2}{3}$，$b = \frac{5}{7}$ だと考えます。

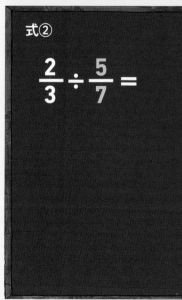

式②

$$\frac{2}{3} \div \frac{5}{7} =$$

分数の割り算は，なぜ分子と分母を ひっくりかえしてかけ算するのか？

分数の割り算の計算結果と，分子と分母をひっくりかえしてできた分数のかけ算の計算結果が一致することを確認してみましょう。下の黒板に，2通りの方法を示しました。

$$\cfrac{\frac{2}{3}}{\frac{5}{7}} = \cfrac{\frac{2}{3} \times 3 \times 7}{\frac{5}{7} \times 3 \times 7} = \cfrac{\frac{2}{3} \times \cancel{3} \times 7}{\frac{5}{\cancel{7}} \times 3 \times \cancel{7}}$$

3を約分します

7を約分します

分母と分子のそれぞれに3と7をかけ算します。

$$= \frac{2 \times 7}{5 \times 3}$$

$$= \frac{2}{3} \times \frac{7}{5}$$

最初の式と見くらべると，割る数の分子と分母を入れかえてかけ算していることになります。

$$\frac{2 \times 7}{3 \times 7} \div \frac{5 \times 3}{7 \times 3} = \frac{2 \times 7}{21} \div \frac{5 \times 3}{21}$$

左の分数と右の分数を通分するために，それぞれ7と3を分子と分母にかけます。

$$= (2 \times 7) \div (5 \times 3)$$

$$= \frac{2 \times 7}{5 \times 3}$$

$\frac{2 \times 7}{21}$ は $\frac{5 \times 3}{21}$ の何倍かを考えます。分母が共通なので，分子どうしを割り算します。

$$= \frac{2}{3} \times \frac{7}{5}$$

最初の式と見くらべると，割る数の分子と分母を入れかえてかけ算していることになります。

小数と分数のまじった式の計算方法は？

6年

小数と分数のまじった式は，どちらかにそろえてから計算します。

まずは，足し算についてみていきます。たとえば「$0.3 + \frac{3}{7}$」の場合，$\frac{3}{7}$ は「無限小数」になってしまうため，分数にそろえて計算する必要があります。

$$0.3 + \frac{3}{7} = \frac{3}{10} + \frac{3}{7} = \frac{21}{70} + \frac{30}{70}$$
$$= \frac{51}{70}$$

次に，「有限小数」にできる分数と小数との引き算を，小数にそろえて計算してみます。たとえば「$\frac{3}{5} - 0.2$」の場合，$\frac{3}{5} = 0.6$ なので，次のようになります。

$$\frac{3}{5} - 0.2 = 0.6 - 0.2 = 0.4$$

つづいて，かけ算です。たとえば「$\frac{2}{3} \times 0.7$」の場合，$\frac{2}{3}$ は「循環小数」になるので，分数にそろえて計算します。

$$\frac{2}{3} \times 0.7 = \frac{2}{3} \times \frac{7}{10} = \frac{14}{30} = \frac{7}{15}$$

最後に割り算です。たとえば「$0.4 \div \frac{2}{5}$」を分数にそろえて計算してみます。

無限小数の例

$$0.42857142857\cdots$$
$$0.66666666666\cdots$$

「無限小数」は，小数点以下の桁数が無限である小数です。この中で0.666…のように同じ数の並びがくりかえされる小数は「循環小数」とよばれます。なお，小数第何位かで終わる限りある小数のことを「有限小数」といいます。

$$0.4 \div \frac{2}{5} = \frac{2}{5} \div \frac{2}{5} = \frac{2}{5} \times \frac{5}{2} = 1$$

このように，分数にそろえたほうが簡単に解ける場合と，小数にそろえたほうが簡単に解ける場合があります。一方で，**分数を小数にかえると無限小数になってしまう場合があるため，分数にそろえるほうが計算できる場合が多い**ことを覚えておきましょう。

分数と小数のまじった式
（割り算以外）

無限小数がまじっているか?

YES

NO

分数にそろえて
計算する

小数または分数に
そろえて計算する

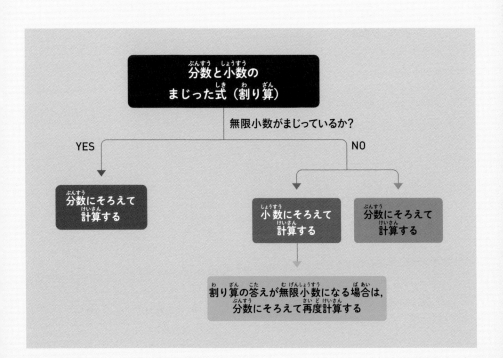

分数と小数の
まじった式（割り算）

無限小数がまじっているか?

YES

NO

分数にそろえて
計算する

小数にそろえて
計算する

分数にそろえて
計算する

割り算の答えが無限小数になる場合は,
分数にそろえて再度計算する

【練習問題】

小数と分数の計算

に挑戦しよう

Q1

① 次のア：0.3，イ：1.6，ウ：2.9，エ：3.7の数を数直線にあらわしましょう。

② 1.76を10倍した数，100倍した数を求めましょう。

③ 87.2を $\frac{1}{10}$ 倍， $\frac{1}{100}$ 倍した数を求めましょう。

Q2

次の問題を筆算で解いてみましょう。

① 1.32＋6.54

② 7.85＋4.17

③ 6.23－5.3

Q3

①〜③の分数を約分，④〜⑥の分数を通分しましょう。

① $\frac{24}{84}$

② $\frac{72}{87}$

③ $\frac{14}{105}$

④ $\frac{3}{5}$，$\frac{2}{7}$

⑤ $\frac{7}{20}$，$\frac{11}{30}$

⑥ $\frac{3}{8}$，$\frac{5}{16}$，$\frac{9}{32}$

Q4

次の分数の足し算と引き算の答えを求めましょう。

① $\frac{2}{5}+\frac{3}{8}$

② $\frac{7}{9}-\frac{1}{3}$

Q5

次の分数の割り算の答えを求めましょう。

① $\frac{9}{16} \div \frac{13}{24}$

こまで，小数と分数について
おさらいしてきました。「まだ
まだカンタン」でしょうか？ 「だ
いぶむずかしくなってきた」という
人もいるのではないでしょうか。で

は最後に，小数と分数の計算に挑戦
してみましょう。**分数の約分と通分
には，最大公約数と最小公倍数の理
解が必要です。**つまずいた場合は，1
章を見なおしましょう。

A1

① 1目盛りは0.1ですので，図のように，
ア：0.3は0.1を3個集めた数なので3目
盛り，イ：1.6は0.1を16個集めた数な
ので16目盛り，ウ：2.9は0.1を29個集
めた数なので29目盛り，エ：3.7は0.1
を37個集めた数なので37目盛りとなり
ます。

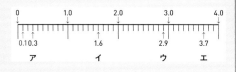

② 1.76を10倍した数は17.6，100倍した数は176です。したがって，位がそれぞれ1桁，2桁
上がっていることがわかります。

③ 87.2を$\frac{1}{10}$倍すると8.72，$\frac{1}{100}$倍すると0.872です。したがって，位がそれぞれ1桁，2桁
下がっていることがわかります。

A2

①
```
   1.32
 + 6.54
 ──────
   7.86
```

②
```
   7.85
 + 4.17
 ──────
  12.02
```

③
```
   6.23
 − 5.30
 ──────
   0.93
```

A3

① $\frac{2}{7}$

② $\frac{24}{29}$

③ $\frac{2}{15}$

④ $\frac{21}{35}$，$\frac{10}{35}$

⑤ $\frac{21}{60}$，$\frac{22}{60}$

⑥ $\frac{12}{32}$，$\frac{10}{32}$，$\frac{9}{32}$

A4

① $\frac{2}{5}$ と $\frac{3}{8}$ を通分すると，それぞれ $\frac{16}{40}$，$\frac{15}{40}$ となります。

したがって，$\frac{2}{5} + \frac{3}{8} = \frac{16}{40} + \frac{15}{40} = \frac{31}{40}$

② $\frac{7}{9}$ と $\frac{1}{3}$ を通分すると，それぞれ $\frac{7}{9}$，$\frac{3}{9}$ となります。

したがって，$\frac{7}{9} - \frac{1}{3} = \frac{7}{9} - \frac{3}{9} = \frac{4}{9}$

A5

① $\frac{9}{16} \div \frac{13}{24} = \frac{9}{16} \times \frac{24}{13} = \frac{9 \times 24}{16 \times 13} = \frac{9 \times 3 \times 8}{2 \times 8 \times 13} = \frac{9 \times 3}{2 \times 13} = \frac{27}{26}$

注：この分数の分母と分子には，両方に8のかけ算があります。分数の分母と分子を同じ数で割っても
　　答えは変わらないので，この8のかけ算をなくしています。

2乗するとマイナスになる奇妙な数「虚数」

自然数とゼロ，そして自然数にマイナスの符号をつけた負の数を合わせて「整数」といいます。そして，整数と分数を合わせたものを，「有理数」といいます（負の分数も含みます）。さらに，円周率を示すπ（80ページ）など，分数であらわすことができない数を「無理数」といいます。

そして，これらの数をすべて含めたものを「実数」といいます。この実数が，私たちがふだん使っている"普通の数"のすべてです。

ところが，人類は実数の集まりである"普通の数"の"外"に，ある数をみつけました。それが「虚数」です。虚数とは「2回かける（2乗する）とマイナスになる数」で，高校の数学で習う数の概念です。

「想像上の数」ともいわれますが，虚数は数学の世界を飛躍的に発展させ，パソコンやスマートフォン，量子コンピューターなど最先端テクノロジーに活用されています。宇宙誕生の謎を解き明かすのにも欠かせない，すごい数なのです。

-9

6

-81

-3

256

$\frac{1}{33}$

$\frac{1}{9}$

$\frac{1}{8}$

実数とはまったくことなる数が存在する？

実数の集まりである"普通の数"の世界と，その"外"に存在する虚数のイメージをあらわしました。

負の整数

自然数

ゼロ

0

i

虚数

有理数

無理数

3

あらゆるカタチの
基本「図形」

私たちの身のまわりには，四角形や円といったさまざまな図形があふれています。3章では，図形の特徴や面積・体積の求め方などを，わかりやすいイラストをもとに解説します。

「直角」「垂直」「平行」って何？

4年

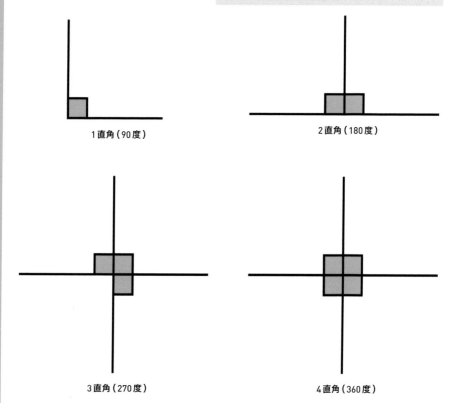

直線は2直角

直角一つ分のことを1直角といいます。直線は180度ですから，直角二つ分（90度×2）で2直角ともいいます。同様に，270度（90度×3）は3直角，360度（90度×4）は4直角ともいいます。

直角（角の大きさが90度）

1直角（90度）

2直角（180度）

3直角（270度）

4直角（360度）

図 形の性質を決めるのは，「直線」「直角」「垂直」「平行」です。

直線は，どこまでも真っすぐつづく線です。長さが決まった直線（線分）もあります。**直角とは，2本の直線の交わる角度が90度のことをいいます。**垂直は，「2本の直線が直角に交わってできる角が直角のとき，この2本の直線は垂直である」と定義されています。**平行は，1本の直線に垂直で，どこまでのばしても交わらない2本の直線の状態をいいます。**

2本の直線が平行でなければ，必ず1点で交わります。そのときにできる向かい合った角を「対頂角」といいます。また，2本の直線に1本の直線が交わってできる角で，同じ側にあって向きも同じ角を「同位角」，反対側にあって向きも反対の角を「錯角」といいます。

これらの用語は，図形の性質を考えるうえで基礎となる，たいへん重要なものです。しっかり覚えておきましょう。

垂直
（2本の直線が直角に交わっている）

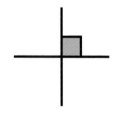

平行
（1本の直線に垂直な2本の直線の状態）

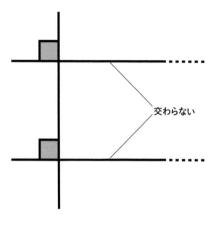

交わらない

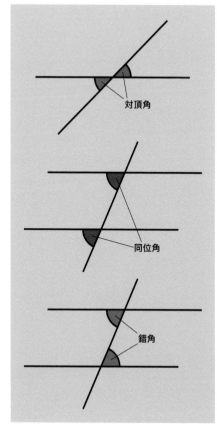

対頂角

同位角

錯角

四角形の
種類と特徴をみてみよう

四角形とは，四つの直線で囲まれた図形のことです。それぞれの直線を「辺」といいます。辺と辺がつくる角を「内角」といい，内角の和は360度になります。また，向かい合う角を結んだ「対角線」は2本引けます。

特徴のない四角形を"変身"させていくと，特徴的な四角形になります。向かい合う1組の辺を平行（前ページ）にすると「台形」，2組の辺を平行にすると「平行四辺形」になります。

平行四辺形のすべての角を直角（前ページ）にすると「長方形」になり，平行四辺形のすべての辺の長さを同じにすると「ひし形」になります。そして，長方形のすべての辺の長さを同じにするか，ひし形のすべての角を直角にすると「正方形」になります。長方形と正方形は，2本の対角線の長さが同じになります。

どんな四角形になるかは，辺の長さ，角の大きさ，対角線の長さの三つの要素で決まるのです。

図1
四角形
（四つの直線で囲まれた図形）

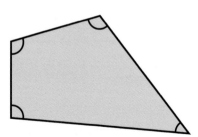

内角の和は360度

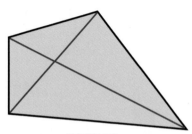

対角線は2本

68

図 2

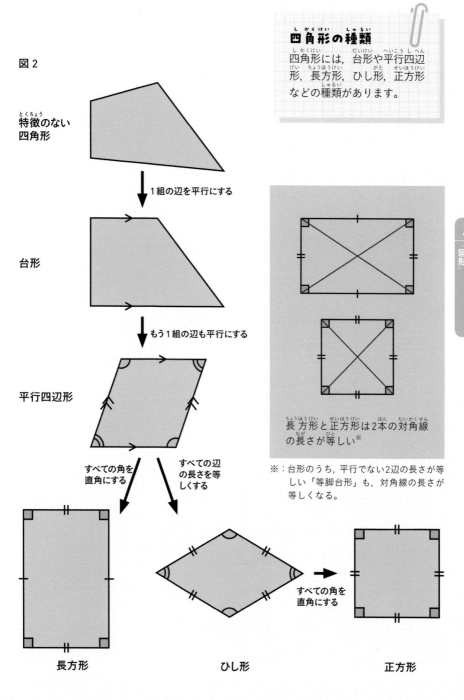

特徴のない
四角形

↓ 1組の辺を平行にする

台形

↓ もう1組の辺も平行にする

平行四辺形

すべての角を
直角にする

すべての辺
の長さを等
しくする

長方形   ひし形   正方形

すべての角を
直角にする

四角形の種類

四角形には，台形や平行四辺形，長方形，ひし形，正方形などの種類があります。

長方形と正方形は2本の対角線の長さが等しい※

※：台形のうち，平行でない2辺の長さが等しい「等脚台形」も，対角線の長さが等しくなる。

いろいろな
四角形の面積
の求め方

5年

平行四辺形，台形，ひし形の面積を求めるには

図2の平行四辺形は，右側の濃い色の三角形を左側に移すと，長方形になります。図3の台形は，同じ台形を上下さかさまにして並べると平行四辺形になります。図4のひし形は，もとのひし形のまわりに色の濃い部分を足すと長方形になります。こうすることで，どの形も縦×横で計算できるようになります。台形とひし形はもとの図形の2倍になっているので，最後に必ず2で割りましょう。

図1

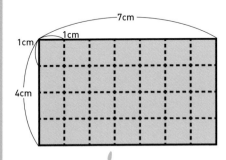

上の長方形は，1辺1センチメートルの正方形を縦に4枚，横に7枚並べたものです（4×7＝28）。したがって面積は，1平方センチメートルの28個分になります。

図2

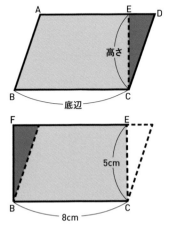

平行四辺形ABCDの面積＝5×8＝40cm²

70

長方形や正方形の面積は，「縦の長さ×横の長さ」で求めます。では，平行四辺形や台形，ひし形の面積は，どうやって求めるのでしょうか？

まず，平行四辺形の面積は「底辺×高さ」で求めます。図2に示すとおり，角Cから辺ADに垂直な線を引いてできる濃い色の部分を左側に移すと長方形になり，縦×横で計算できるようになるからです。

次に，台形の面積は「（上底＋下底）×高さ÷2」で求めます。図3の台形と同じ台形を上下逆にしてくっつけると，平行四辺形ができます（図3の下）。つまり，いったん平行

四辺形の面積を求めて，それを半分にするのです。

最後に，ひし形の面積は「対角線×対角線÷2」で求めます。図4のように，ひし形には「2本の対角線は直角に交わる」という特徴があります。2本の対角線ACとBDにより，ひし形は四つの合同※な直角三角形に分けることができます。ひし形の外側にさらに四つの合同な直角三角形をつけると，長方形ができます。この長方形の縦と横は，もとのひし形の対角線と同じ長さです。つまり，いったん長方形の面積を求めて，それを半分にするのです。

※：まったく同じ形をした図形。

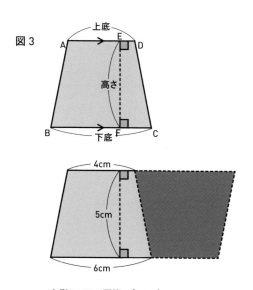

台形ABCDの面積＝（4＋6）×5÷2＝25cm²

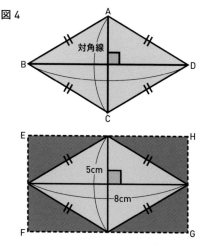

ひし形ABCDの面積＝5×8÷2＝20cm²

3 あらゆるカタチの基本 「図形」

71

三角形の種類と特徴をみてみよう

3年

　三角形とは，三つの直線で囲まれた図形のことです（図1）。ここでは，三角形の種類と性質をみていきましょう（図2）。

　まず，特徴のない三角形があります。この三角形の3辺のうち，2辺の長さを等しくしたものを「二等辺三角形」といいます。そして，この三角形の一つの角を直角にしたものを「直角三角形」といい，二等辺三角形のほかの1辺の長さも等しくしたものを「正三角形」といいます。

　また，二等辺三角形の等しい辺の間の角を直角にしたものを「直角二等辺三角形」といいます。つまり，直角三角形の直角をはさむ2辺の長さを等しくすると，直角二等辺三角形になるのです。

　このように，**三角形は，辺の長さと角の大きさで種類が決まります。**

三角形
（三つの直線で囲まれた図形）

図1

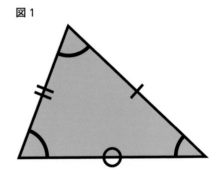

内角の和は180度

三角形の種類
三角形は，辺の長さと角の大きさによって，二等辺三角形や正三角形，直角三角形，直角二等辺三角形などに分類されます。

図 2

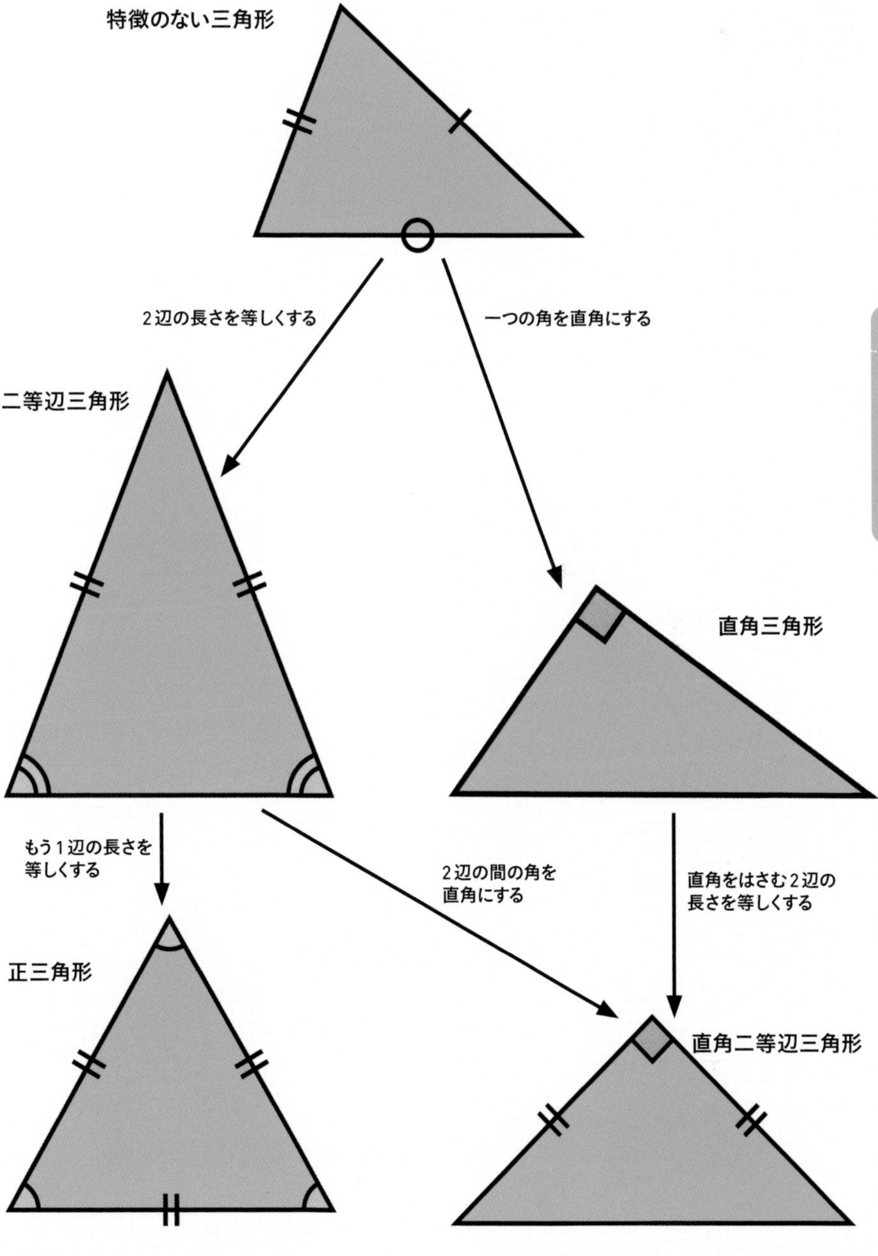

特徴のない三角形

2辺の長さを等しくする　　　　　　一つの角を直角にする

二等辺三角形

直角三角形

もう1辺の長さを
等しくする

2辺の間の角を
直角にする

直角をはさむ2辺の
長さを等しくする

正三角形

直角二等辺三角形

三角形の面積の
求め方

5年

三角形の面積

図1，図2の三角形ABCは形がことなりますが，いずれの三角形もそれぞれ合同な三角形をつなげて平行四辺形をつくることができます。この平行四辺形の面積を2で割ることで，三角形の面積が求められます。

図1

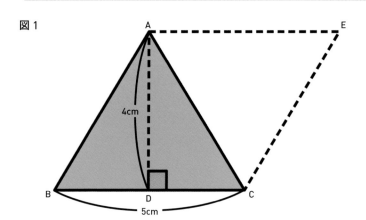

4cm

5cm

三角形ABCの面積＝5×4÷2＝10cm²

図2

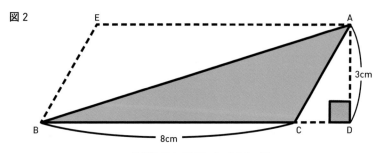

3cm

8cm

三角形ABCの面積＝8×3÷2＝12cm²

三角形の面積の公式は,「底辺×高さ÷2」です。なぜ,このような式で求められるのでしょうか?

　これは,台形の面積（70ページ）を求めるのと同じ考え方です。まず,同じ二つの三角形を上下逆にして並べ,平行四辺形をつくります（図1）。平行四辺形の面積は,底辺×高さです。ただし,この平行四辺形は二つの三角形を合わせたものなので,最後に2で割ります。

　次に,図2のような三角形の面積の求め方を考えてみましょう。底辺をBCとすると,頂点Aは底辺BCとは垂直に交わらないので,高さになりません。この三角形の高さは,底辺を延長した直線CDに垂直な線分ADの長さになります。このように,高さが三角形の外にあることもあるので注意しましょう。

　なお,**三角形の内角の和は,必ず180度になります。**三角形の三つの角a, b, cを切り取って並べると,一直線になります（図3）。つまり,180度ということです。

図3

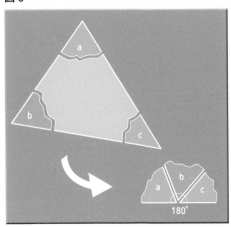

三つの角を合わせると180度になる
三角形の三つの角a, b, cを切り取って並べると,一直線になります。なお,錯角と同位角の性質を使えば,切り取らなくても,三角形の内角の和が180度であることを確かめられます（図4）。

図4

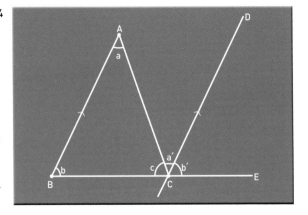

辺ABと平行な直線CDを引くと,角aと角a′は錯角,角bと角b′は同位角で,それぞれ等しくなります。

「多角形」の特徴と 内角の和の求め方

5年

多角形の分割

四角形以上の多角形は，対角線で三角形に分割することができます。四角形，五角形，六角形はそれぞれ1本，2本，3本の対角線を引くことで，2個，3個，4個の三角形に分けられます。つまり，どの多角形も「辺の数から2を引いた数」の三角形に分割できることがわかります。

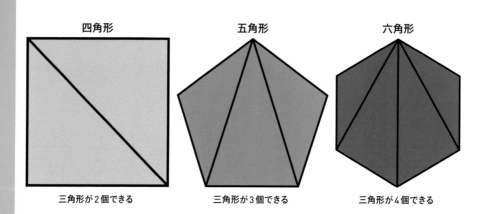

四角形

三角形が2個できる

五角形

三角形が3個できる

六角形

三角形が4個できる

直線で囲まれた図形のことをまとめて「多角形」といいます。三角形や四角形のほかにも，五角形や十二角形といった，たくさんの多角形があります。辺の長さがすべて同じ多角形を「正多角形」といいます。

　多角形は辺の数がふえるほど，内角の和もふえていきます。多角形の内角の和は，以下の公式を使って求めることができます。

　　□角形の内角の和＝180×（□－2）

　なぜ，このような式がなりたつのでしょう？

　左下の図に注目しましょう。多角形に対角線を引くと，三角形に分けることができます。四角形は二つの三角形に，五角形は三つの三角形に，六角形は四つの三角形に分けられます。つまり，**多角形は辺の数より二つ小さい数の三角形に分けられるのです。**

　三角形の内角の和は180度（74ページ）です。したがって，**□角形の内角の和＝180×（□－2）がなりたつのです。**

3
「図形」
あらゆるカタチの基本

多角形の内角の和

	四角形	五角形	六角形	七角形	八角形	九角形	十角形	…	□角形
分割できる三角形の数	2個	3個	4個	5個	6個	7個	8個	…	（□－2）個
内角の和	180×2＝360度	180×3＝540度	180×4＝720度	180×5＝900度	180×6＝1080度	180×7＝1260度	180×8＝1440度	…	180×（□－2）度

多角形と内角の和の関係を表に示しました。三角形の内角の和は180度なので，分割できる三角形の数に180度をかけた値が，多角形の内角の和となります。

十角形

・・・・・・

三角形が10－2＝8個できる

円の面積が
半径×半径×円周率
の理由

6年

円の面積は，半径×半径×円周率という公式を使って求めることができます。たとえば，円の半径の長さを3センチメートル，円周率を3.14とすると，円の面積は3×3×3.14＝28.26（平方センチメートル）となります。

なぜこの式がなりたつのか，その理由をみていきましょう。

まず，円を12等分して，右の図のように交互にさかさまにしてつなぎ合わせます。次に，円を48等分して，やはり交互にさかさまにしてつなぎ合わせます。すると，等分する図形（おうぎ形）の数が多いほど，交互につなぎ合わせた形は，長方形に近づいていくことがわかります。

たとえば，おうぎ形を無限に細くした，長方形に似た図形の縦の長さは，円の半径と同じ長さです。また，この長方形に似た図形の横の長さは，円周の長さの半分に等しい長さ（円周の長さ÷2）です。以上から，次の式がなりたちます。

円の面積＝半径（長方形の縦の長さ）×円周の長さ÷2（長方形の横の長さ）

上の式で，長方形の横の長さを示す「円周の長さ」は，半径×2×円周率で求められます。この式を，先ほど求めた円の面積＝半径×円周の長さ÷2に代入すると，次のようになります。

円の面積
＝半径×円周の長さ÷2
＝半径×半径×2×円周率÷2
＝半径×半径×円周率

以上より，円の面積を求める公式を得ることができました。

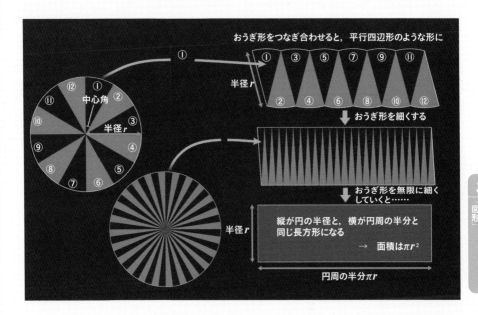

おうぎ形をつなぎ合わせると，平行四辺形のような形に

① ③ ⑤ ⑦ ⑨ ⑪
② ④ ⑥ ⑧ ⑫

半径 r

おうぎ形を細くする

おうぎ形を無限に細くしていくと……

縦が円の半径と，横が円周の半分と同じ長方形になる

→ 面積は πr^2

円周の半分 πr

中心角

半径 r

半径 r

おうぎ形の面積の求め方

円の面積から，おうぎ形の面積を求めることもできます。円の中心のまわりの角の大きさは360度ですから，たとえば，おうぎ形の中心角が45度だとすると，おうぎ形の面積は，円の面積の $\frac{45}{360}=\frac{1}{8}$ にあたります。したがって，円の半径を4センチメートルとすると，おうぎ形の面積は $4 \times 4 \times 3.14 \times \frac{1}{8}=6.28$ （平方センチメートル）となります。

　以上から，おうぎ形の面積は次の公式で求めることができます。

おうぎ形の面積＝半径×半径×円周率×$\dfrac{中心角}{360}$

π＝3，π＝3.1，π＝3.14 の世界を視覚化すると

円周率π（パイ）とは，円周の長さを直径で割った値です。小学校では3.14を主に使いますが，実際は3.1415926535……と，3.14以下に不規則な数字の列が無限につづきます。

ここでは，円周率を3.14とすることの意味を，図形を使って視覚的に示してみましょう。

まず，直径1の円を考えてみます。この円の円周の長さはπです。ここで，この円に内接する正六角形を考えます（左下の図）。この正六角形の1辺の長さは0.5なので，外周の長さは0.5×6＝3となります。つまり，**外周の長さを考えるうえで，円を正六角形とみなせば円周率πは3になるといえます。**

つづいて，「円周率πを3.1とする」場合を考えてみます。直径1の円に内接する正十二角形の外周は，約3.1になります（右上の図）。つまり，**円を正十二角形とみなせば円周率は約3.1になります。**さらに，「円周率πを3.14と

する」場合はどうでしょうか。円に内接する正五十七角形の外周は約3.14です（右下の図）。つまり，**円を正五十七角形とみなせば円周率は約3.14になります。**

正六角形や正十二角形のときとくらべると，正五十七角形はかなり円に近い見た目をしています。円周率πを3.14で計算すれば，十分高い精度で値が求まることが直感的にわかるでしょう。

直径1の円

正六角形
（外周の長さが3）

$π = 3$

円周率を3, 3.1, 3.14とみなす意味

円の直径を1としたとき, 正六角形, 正十二角形, 正五十七角形の外周の長さはそれぞれ3, 約3.1, 約3.14となります。つまり, 周長を考えるうえで円をそれぞれ正六角形, 正十二角形, 正五十七角形とみなせば, 円周率πはそれぞれ3, 3.1, 3.14となります。

直径1の円に内接する正多角形とその外周の長さ

多角形の種類	外周の長さ
正3角形	2.598…
正4角形	2.828…
正5角形	2.938…
正6角形	3.000…
正7角形	3.037…
正8角形	3.061…
正9角形	3.078…
正10角形	3.090…
正11角形	3.099…
正12角形	3.105…
正13角形	3.111…
⋮	⋮
正56角形	3.13994…
正57角形	3.14000…
正58角形	3.14005…
⋮	⋮
正1億4721万575角形	3.141592653589793…

正十二角形
（外周の長さが約3.1）

π=3.1

拡大

円と正五十七角形のわずかな隙間

正五十七角形
（外周の長さが約3.14）

π=3.14

「拡大図」と 「縮図」って何だろう？

6年

ある図形を，角の大きさを変えずに，辺の長さを同じ割合でのばすことを「拡大する」といい，縮めることを縮小するといいます。また，このようにして拡大した図形を「拡大図」，縮小した図形を「縮図」といいます。

　拡大や縮小と聞いて真っ先に思い浮かぶのは，コピー機ではないでしょうか。コピー機では，コピーの際，倍率を指定します。たとえば，倍率が200％であれば，もとの文字や図の形を変えずに大きさを2倍に拡大でき，倍率50％であれば，もとの文字や図の形を変えずに，大きさを$\frac{1}{2}$に縮小できます。算数の授業で習う図形の拡大，縮小もこれと同じです。

　たとえば，図のように，四角形ABCDのすべての辺の長さを3倍にすると，四角形EFGHができます。このとき，四角形EFGHを四角形ABCDの「3倍の拡大図」といいます。一方，四角形ABCDを四角形EFGHの「$\frac{1}{3}$の縮図」といいます。

　また，四角形ABCDの角Aは四角形EFGHの角Eにあたります。このとき，「角Aに対応する角は角E」といいます。拡大図と縮図では，「対応する辺の長さの比（くわしくは5章）はどれも等しく，対応する角の大きさはどれも等しい」のがポイントです。

　また，**実際の長さを縮めた割合のことを縮尺**といいます。たとえば，地図は縮図を利用したもので，地図の端には，$\frac{1}{2000}$や1：20000といった数字が記載されています。これは縮尺をあらわすものです。

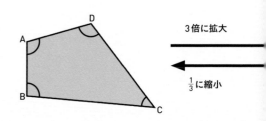

3倍に拡大

$\frac{1}{3}$に縮小

例題

縮尺 $\frac{1}{25000}$ の地図があります。地図上での長さが5cmだった場合，実際の長さは何kmになるでしょう。

解答

25000×5＝125000（cm）＝1.25（km）

拡大図と縮図の関係

図の四角形EFGHは，四角形ABCDの3倍の拡大図です（四角形ABCDは四角形EFGHの $\frac{1}{3}$ の縮図）。そのため，辺EF，辺FG，辺GH，辺HEはそれぞれ辺AB，辺BC，辺CD，辺DAの3倍になっています。

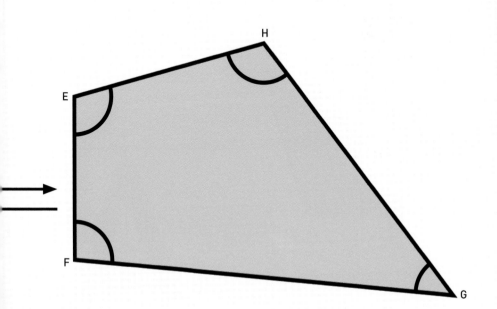

図形どうしが
ぴったり重なる
「線対称」「点対称」

6年

図1

線対称な図形

正五角形

対称の軸

A

対応する2点を
結ぶ直線

B

線対称

一つの直線を折り目にして二つに折ったとき，折り目の両側がぴたりと重なることを線対称といいます。線対称な図形には，二等辺三角形や正五角形，アルファベットのAなどがあります。

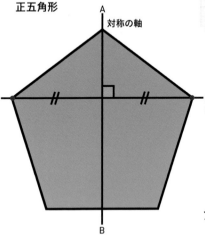

アルファベットの A

ア
対称の軸
A B

G H
F E D C
イ

図 形には,「対称性」という性質があります。その特徴をみていきましょう。

図1の正五角形は, 直線ABを折り目として折り曲げると, 両側の部分がぴったり重なります。このように, 一つの直線を折り目にして二つに折ったとき, 折り目の両側がぴったり重なる図形のことを,「線対称な図形」といいます。また, 折り目にした直線のことを「対称の軸」とよびます。線対称な図形では, 対応する2点を結ぶ直線は, 対称の軸と垂直に交わります。この交わる点から, 対応する2点までの長さは等しくなります。

一方, 図2は, **ある点を中心にして180度回転させると, もとの形にぴったり重なります。このような図形を「点対称な図形」といい, その中心の点を「対称の中心」とよびます。**点対象な図形では, 対応する2点を結ぶ直線は, 対称の中心を通ります。また, 対称の中心から対応する2点までの長さは等しくなります。

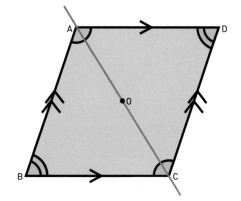

図 2

点対称な図形

アルファベットの Z

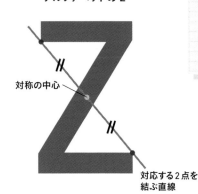

対称の中心

対応する2点を
結ぶ直線

点対称

ある点を中心に180度回転させると, もとの形にぴたりと重なることを点対称といいます。点対称な図形には, 平行四辺形や, アルファベットのN, Zなどがあります。

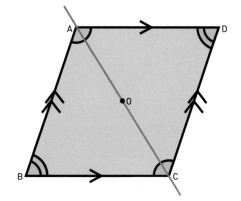

直方体や立方体の「見取図」と「展開図」

4年

これまで，平面の図形についてみてきましたが，サイコロのように空間に広がる「立体」という図形もあります。

六つの長方形や，長方形と正方形で囲まれた形を「直方体」といいます。また，六つの正方形だけで囲まれた立体を「立方体」といいます。ここでは，直方体と立方体の見取図，展開図についてみていきましょう。

まず，**見取図とは，図1のように，直方体や立方体などの立体を，**全体がわかるようにえがいた図のことです。

一方，**展開図とは，図2のように，直方体や立方体などの立体を辺にそって切り開いた図のことです。**直方体や立方体の表面積はその展開図の面積と等しくなります。

展開図で，重なる頂点や，平行や垂直な面や辺を考えるときは，展開図を組み立てた立体がどのようになるかを想像することが重要なポイントになります。

図1
立方体と直方体の見取図

見取図とは，立体の全体の形がわかるようにえがいた図のことです。図1では，立方体と直方体のそれぞれ3面が見えるようにえがかれています。

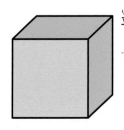

立方体
（六つの面がすべて正方形でできている立体）

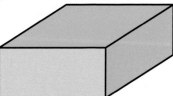

直方体
（六つの面が長方形のみか，長方形と正方形でできている立体）

図2　立方体と直方体の展開図

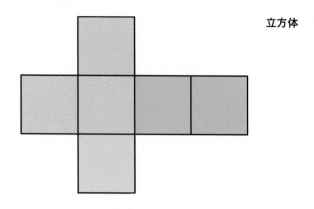

立方体

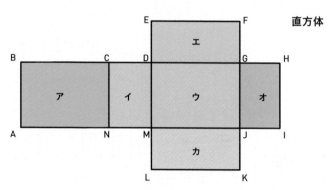

直方体

図2の展開図を組み立ててできる直方体について，次の問いの答えを考えましょう。
① アの面と平行になる面はどれでしょう。
② 辺ABと重なるのはどの辺でしょう。
③ 頂点Aと重なる頂点をすべて答えなさい。

解答

① アの面と平行になる面は，アの面と向かい合う面なので，ウの面になります。
② 辺ABと重なるのは，展開図を組み立てた図から，辺IHです。
③ 展開図の頂点は右の図のように重なります（赤，青，緑，オレンジどうしが重なる）。つまり，頂点I，頂点Kになります。

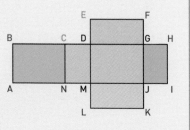

注：重なる頂点は一つだけとは限らないことに注意が必要。

直方体の体積は 縦×横×高さで 求められる

5年

前ページで，空間に広がる「立体」について紹介しました。部屋などの平面の広さを「面積」であらわすように，空間の大きさは「体積」であらわします。**直方体や立方体の体積は「縦×横×高さ」で求められます。**長方形の面積は「縦×横」でしたが，それに「高さ」をかけたものが体積だといえます。

図1は，縦5センチメートル，横6センチメートル，高さ4センチメートルの直方体で，その体積は5×6×4＝120立方センチメートルです。

次に，この直方体を1辺1センチメートルの立方体に分け，その体積の和から求めてみます（図2）。立方体は，1段目に5×6＝30個あり，それが4段積まれているので，全部で30×4＝120個あり

直方体の体積

直方体の体積を「縦×横×高さ」にすると，基準となる立方体をブロックのように積み上げて直方体をつくったとき，立方体の体積×個数が直方体全体の体積と同じになります。

ます。つまり，**1個1立方センチメートルの立方体が120個あるので，この直方体の体積は120立方センチメートルになるのです。**

図 1

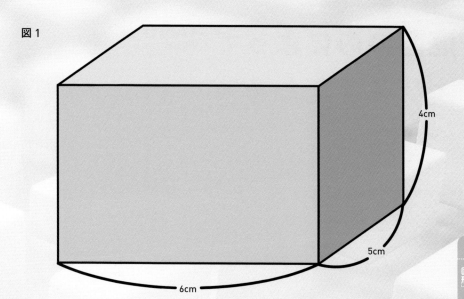

4cm

5cm

6cm

図 2

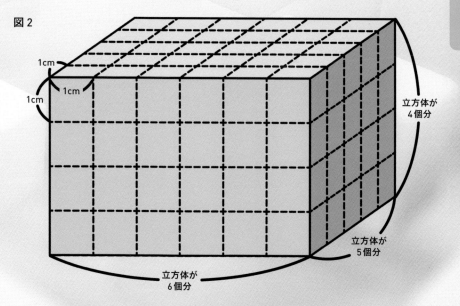

1cm
1cm
1cm

立方体が
4個分

立方体が
5個分

立方体が
6個分

れいだい
例題
次の直方体と立方体の体積を求めましょう。
①縦8cm，横4cm，高さ3cmの直方体
②一辺が9cmの立方体

かいとう
解答
①$8 \times 4 \times 3 = 96\,\text{cm}^3$
②$9 \times 9 \times 9 = 729\,\text{cm}^3$

底面の形によって よび名が変わる

6年

「角柱」

図1

角柱

（底面の形によって，四角
柱，五角柱などとよばれる）

円柱

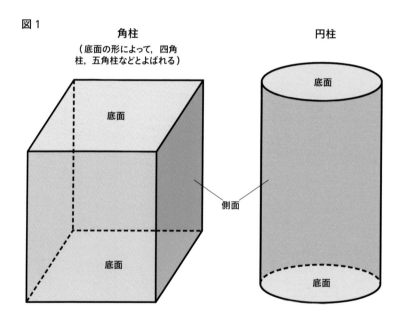

底面

底面

側面

底面

底面

角柱と円柱

角柱（四角柱）と円柱の見取図を示しました。角柱と円柱はともに，二つの底面と，側面からできています。角柱の側面が長方形または正方形であるのに対し，円柱の側面は曲面となっています。

平面だけで囲まれた立体を「角柱」、円と曲面で囲まれた立体を「円柱」といいます（図1）。

　角柱と円柱で、上下に向かい合った二つの面を「底面」といいます。一つの底面の面積を「底面積」といいます。また、角柱で、まわりの長方形または正方形のことを「側面」といいます。円柱では、まわりの曲面が側面です。

角柱の底面が三角形なら「三角柱」、底面が四角形なら「四角柱」、底面が五角形なら「五角柱」といいます。このように、角柱は底面の形によってよび名が変わります。なお、直方体や立方体は四角柱の一種です。

　角柱と円柱の体積は、「底面積×高さ」という式で求められます。したがって、図2の直方体の体積は、7×5×8＝280立方センチメートルとなります。

　図3の円柱の場合、底面積は4×4×3.14＝50.24（平方センチメートル）なので、それに高さをかけて、50.24×10＝502.4（立方センチメートル）となります。

3

「図形」

あらゆるカタチの基本

図2

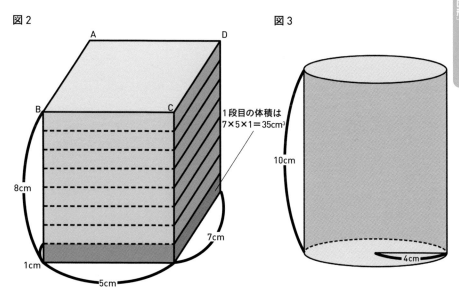

A　　　　　D

B　　　　　C

1段目の体積は
7×5×1＝35cm³

8cm

1cm

7cm

5cm

図3

10cm

4cm

四角柱の体積

上は、縦7センチメートル、横5センチメートル、高さ8センチメートルの四角柱（直方体）を高さ方向に8等分した図です。四角形ABCDの面積、つまり底面積は7×5＝35平方センチメートルであり、1段目の体積は7×5×1＝35（立方センチメートル）になります。これが8個積み重なっているので、35×8＝280（立方センチメートル）、つまり四角柱の体積は底面積×高さで求めることができます。

4

身近で便利な道具「単位」

図形の長さや広さ（面積），重さ（重量），時間などをはかるうえで欠かせないのが「単位」です。単位は学校の勉強だけでなく，日常生活でもひんぱんに使用されます。4章では，小学校の算数で習う単位を一からおさらいしましょう。

「長さ」は, 単位があるから数字であらわせる

2年

長さの単位

長さの単位の関係を図にあらわしました。1ミリメートル＝0.001メートル, 1センチメートル＝0.01メートルなので, 1ミリメートルは1センチメートルの $\frac{1}{10}$ （＝ $\frac{0.001}{0.01}$ ）となります。

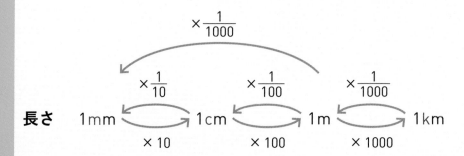

$$\times \frac{1}{1000}$$

長さ   1mm   1cm   1m   1km

$\times \frac{1}{10}$ $\times \frac{1}{100}$ $\times \frac{1}{1000}$

$\times 10$ $\times 100$ $\times 1000$

あるものの量を数値であらわしたいときに，基準となるよう定められた量のことを「単位」といいます。「家から学校まで□メートル」「□ミリリットル入りのペットボトル」といった表現は，日常でよく使われます。算数で習う単位にはいろいろな種類があり，「小学校のころから苦手だったけど，いまだによくわからない」と感じている人も多いのではないでしょうか。このページでは，算数で習う「長さ」の単位を一から振り返ってみましょう。

長さとは，ある2点間の距離のことをいいます。長さの単位には「キロメートル（km）」「メートル（m）」「センチメートル（cm）」「ミリメートル（mm）」があります。

キロメートルのキロ（k），センチメートルのセンチ（c），ミリメートルのミリ（m）はそれぞれ，1000倍，$\frac{1}{100}$倍，$\frac{1}{1000}$倍をあらわします。つまり，1km＝1m×1000＝1000mであり，1cm＝1m×$\frac{1}{100}$＝0.01m，1mm＝1m×$\frac{1}{1000}$＝0.001mとなります。

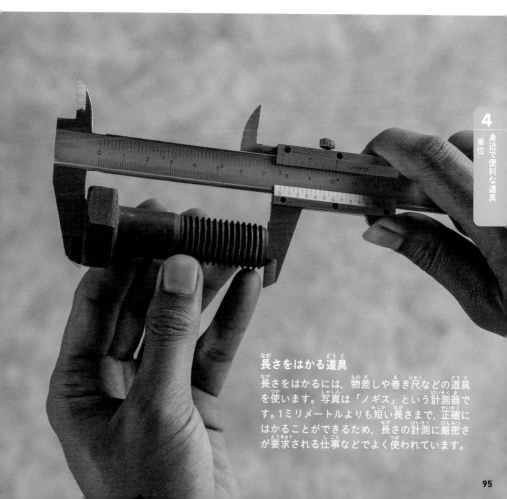

長さをはかる道具
長さをはかるには，物差しや巻き尺などの道具を使います。写真は「ノギス」という計測器です。1ミリメートルよりも短い長さまで，正確にはかることができるため，長さの計測に厳密さが要求される仕事などでよく使われています。

「面積」と「体積」にも 基準となる単位がある

4年 5年

線で囲まれた平面の広さを,「面積」といいます。面積にも単位があり，長方形の場合は縦×横で求めます（70ページ）。縦も横も単位は「長さ」です。つまり，「長さ」の単位を二つかけ合わせたものが面積の単位になります。

面積の単位には，「平方キロメートル（km²）」「平方メートル（m²）」「平方センチメートル（cm²）」「平方ミリメートル（mm²）」のように，「平方」がつくものがあります。平方とは，同じものを二つかけ合わせることなので，「平方メートル＝メートル×メートル」を意味します。

そのほか，面積の単位には「ヘクタール（ha）」「アール（a）」といったものもあります。ヘクタールの（h）は100倍をあらわすので，1ha ＝ 1a × 100 ＝ 100a となります。また1a ＝ 10m × 10m（100m²），1ha ＝ 100m × 100m（10000m²）の関係がなりたちます。

3次元空間で立体が占める大き

さを，「体積」といいます。つまり，直方体の場合は縦×横×高さで求めます。体積の単位は「長さ」の単位を三つかけたものになります。

体積の単位には，「立方キロメートル（km³）」「立方メートル（m³）」「立方センチメートル（cm³）」「立方ミリメートル（mm³）」のように，「立方」がつきます。「立方」は同じものを三つかけ合わせることで，「立方メートル＝メートル×メートル×メートル」を意味します。

体積と似た言葉に「容積」があります。容積は，容器にどのくらいの量の液体が入るかをあらわすものです。容積の単位には，「キロリットル（kL）」「リットル（L）」「デシリットル（dL）」「ミリリットル（mL）」などがあります。1cm³ ＝ 1mL，10cm³ ＝ 1L，1dL ＝ $\frac{1}{10}$ L，1m³ ＝ 1kL と定められています。

ある単位を別の単位に置きかえることを，「単位換算」といいます。

面積と体積の単位

面積の換算は，正方形の面積で考えるとわかりやすくなります。たとえば一辺が1mの正方形の面積は，$1m^2$であらわされます。1m＝100cmなので，$1m^2$＝100cm×100cm，つまり$1m^2$＝$10000cm^2$の関係がなりたちます。

同様に，体積の換算をする際には立方体の体積で考えてみましょう。たとえば一辺が1mの立方体の体積は，$1m^3$であらわされます。1m＝100cmなので，$1m^3$＝100cm×100cm×100cm，つまり$1m^3$＝$1000000cm^3$の関係がなりたちます。

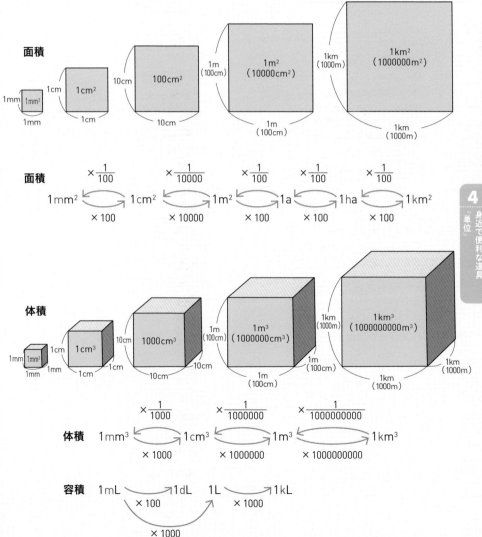

面積

面積

$$1mm^2 \xrightarrow{\times \frac{1}{100}} 1cm^2 \xrightarrow{\times \frac{1}{10000}} 1m^2 \xrightarrow{\times \frac{1}{100}} 1a \xrightarrow{\times \frac{1}{100}} 1ha \xrightarrow{\times \frac{1}{100}} 1km^2$$
$$\times 100 \quad \times 10000 \quad \times 100 \quad \times 100 \quad \times 100$$

体積

体積

$$1mm^3 \xrightarrow{\times \frac{1}{1000}} 1cm^3 \xrightarrow{\times \frac{1}{1000000}} 1m^3 \xrightarrow{\times \frac{1}{1000000000}} 1km^3$$
$$\times 1000 \quad \times 1000000 \quad \times 1000000000$$

容積

$$1mL \longrightarrow 1dL \longrightarrow 1L \longrightarrow 1kL$$
$$\times 100 \quad \times 1000$$
$$\times 1000$$

「重さ」と「時間」の あらわし方

2年 3年

つづいて，重さと時間の単位もみていきましょう。「体重□キログラム」「昨晩の睡眠時間は□時間」など，重さや時間の単位にはなじみがあるという人が多いでしょう。

物体にはたらく重力の大きさを，「重さ」といいます。算数で習う重さの単位には，「キログラム（kg）」「グラム（g）」「ミリグラム（mg）」に加えて「トン（t）」があります。キロ（k），ミリ（m）は94ページと同じく，それぞれ1000倍，$\frac{1}{1000}$倍をあらわします。つまり，1kg＝1000g，1mg＝$\frac{1}{1000}$g＝0.001gとなります。また，1t＝1000kgと定められています。

「時間」は，二つの時刻の間隔をあらわすものです。睡眠時間の例でいうと，眠りについた時刻とおきた時刻の間（間隔）が睡眠時間になります。算数で習う時間の単位には，「日」「時間」「分」「秒」があります。分は秒の60倍，時間は分の60倍，日は時間の24倍という関係があるので，60秒＝1分，60分＝1時間，24時間＝1日という関係がなりたちます。

重さと時間の単位

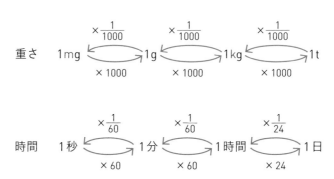

重さ　1mg ⇄ 1g ⇄ 1kg ⇄ 1t
（$\times \frac{1}{1000}$ ／ $\times 1000$）

時間　1秒 ⇄ 1分 ⇄ 1時間 ⇄ 1日
（$\times \frac{1}{60}$，$\times \frac{1}{60}$，$\times \frac{1}{24}$ ／ $\times 60$，$\times 60$，$\times 24$）

アナログ時計の針

写真は短針，長針，秒針がついたアナログの目覚まし時計です。秒針は秒を刻み，1周分は60秒（＝1分）に相当します。長針は分を刻み，1周分は60分（＝1時間）に相当します。短針は時間を刻み，1周分は12時間（半日分）に相当します。

【練習問題】
単位換算に
挑戦してみよう①

Q1

東京ドームの面積は 46755 平方メートルです。これを「ヘクタール」の単位に換算してみましょう。

Q2

次の①〜④の単位換算を行ってみましょう。

① 350cm ＝□ km

② 2.6ha ＝□ cm²

③ 4.8L ＝□ cm³

④ 85000g ＝□ t

⑤ 4500 秒＝□時間

こで，単位換算の練習問題に挑戦しましょう。単位換算は，大きさや量を比較する際に不可欠なものですが，苦手としている人も案外多いのではないでしょうか。

単位換算をする際には，これまでに紹介した「単位間の基本的な関係」に立ちもどって考えてみることが大切です。

新聞やテレビなどで場所の規模をあらわすとき，「東京ドーム□個分」いう表現が，よく使われます。東京ドームの面積は46755平方メートルです。まずは，野球場や大規模なコンサート会場などに使われる東京ドームの面積で，単位換算を練習してみましょう。

A1

96ページでみてきたように，$1a = 100m^2$ の関係式がなりたちます。つまり，$46755m^2 = (46755 \div 100) a = 467.55a$ となります。$1ha = 100a$ であるため，$467.55a = (467.55 \div 100) ha = 4.6755ha$ となり，東京ドームの面積は**約4.7ha**と換算できました。

A2

① $100cm = 1m$ より，$350cm = (350 \div 100) m = 3.5m$ です。
　ここで $1000m = 1km$ より，$3.5m = (3.5 \div 1000) km = $ **0.0035km** となります。
② $1ha = 100a$ より，$2.6ha = (2.6 \times 100) a = 260a$ です。
　ここで $1a = 100m^2$ より，$260a = (260 \times 100) m^2 = 26000m^2$ がなりたちます。
　さらに $1m^2 = 10000cm^2$ より，$26000m^2 = (26000 \times 10000) cm^2 = $ **2億6000万 cm²**
　となります。
③ $1L = 1000mL$ より，$4.8L = (4.8 \times 1000) mL = 4800mL$ です。
　ここで $1mL = 1cm^3$ より，$4800mL = $ **4800cm³** となります。
④ $1kg = 1000g$ より，$85000g = (85000 \div 1000) kg = 85kg$ です。
　ここで $1t = 1000kg$ より，$85kg = (85 \div 1000) t = $ **0.085t** となります。
⑤ 1分 $= 60$ 秒より，4500 秒 $= (4500 \div 60)$ 分 $= 75$ 分です。
　ここで1時間 $= 60$ 分より，75 分 $= (75 \div 60)$ 時間 $= \dfrac{5}{4}$ **時間**です。

4

身近で便利な道具

「単位」

「速さ」「道のり」「時間」の関係式

5年

速さ＝道のり÷時間

単位時間あたりに進む道のりを，速さといいます。速さは，道のりを時間で割ることで求められます（1の式）。この式は，道のりと時間を求める式にそれぞれ変形できます（2と3の式）。

1. 速さ＝道のり÷時間
2. 道のり＝速さ×時間
3. 時間＝道のり÷速さ

「速さ」とは，単位時間※に進む道のりのことです。速さ＝道のり÷時間であらわされます。したがって，時速とは1時間あたりに進む道のりであらわした速さのことです。同様に，分速とは1分間あたりに進む道のりであらわした速さ，秒速とは1秒間あたりに進む道のりであらわした速さのことです。

速さ，道のり，時間の3要素は非常に密接な関係にあります。これら3要素のうちの二つの数がわかれば，残りの数を求めることができます。

速さ・道のり・時間の間には，「速さの3用法」という以下の関係式がなりたちます。

①速さ＝道のり÷時間
②道のり＝速さ×時間
③時間＝道のり÷速さ

なお，速さ，道のり，時間を求める際には単位をそろえる必要があることを，くれぐれも忘れないようにしましょう。

※：議論の基準となる時間の長さ。

速さの単位換算 **5年**

のコツをおさえよう

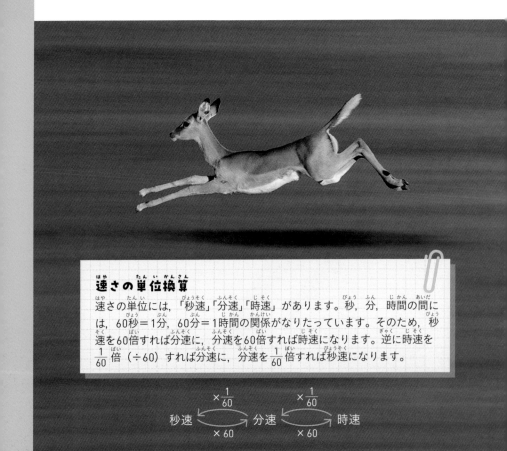

速さの単位換算

速さの単位には，「秒速」「分速」「時速」があります。秒，分，時間の間には，60秒＝1分，60分＝1時間の関係がなりたっています。そのため，秒速を60倍すれば分速に，分速を60倍すれば時速になります。逆に時速を $\frac{1}{60}$ 倍（÷60）すれば分速に，分速を $\frac{1}{60}$ 倍すれば秒速になります。

秒速 $\xrightarrow[\times 60]{\times \frac{1}{60}}$ 分速 $\xrightarrow[\times 60]{\times \frac{1}{60}}$ 時速

速さの問題を解くときの，単位換算のしかたを説明します。

まず，秒速10メートルを分速にかえてみましょう。1分間は60秒間ですので，秒速を分速になおす場合，60秒間で何メートル進むかを計算すればよいことになります。この場合，分速は，10 × 60 ＝ 600（メートル）となります。

では，分速500メートルは，時速何キロメートルでしょう。1時間は60分ですので，時速は，500 × 60 ＝ 30000（メートル）となります。問題では，時速何キロメートルかと問わ

れているので，メートルをキロメートルに単位換算します。1キロメートル＝ 1000メートルですので，メートルをキロメートルになおすには，1000で割ればよいことになります。30000 ÷ 1000 ＝ 30なので，答えは時速30キロメートルとなります。

そして，逆に時速を分速にする場合は，60で割ります。この場合，30 ÷ 60 ＝ 0.5で，分速0.5キロメートル＝ 500メートルになります。

速度に関する問題では，必要に応じて正確に単位換算することが重要です。

【練習問題】

単位換算に挑戦してみよう②

Q1

次の速さを求めましょう。
① 8 分間で 600 メートル進んだときの速さ
② 15 秒間で 210 センチメートル進んだときの速さ

Q2

① 秒速 25 メートルは，分速何メートルでしょうか。
② 分速 60 メートルは，時速何キロメートルでしょうか。
③ 秒速 32 メートルは，時速何キロメートルでしょうか。

Q3

16 キロメートルの道のりを 20 分間で走る電車があります。
① このとき，この電車の速さは分速何キロメートルですか。
② この電車が 35 分間走るとすると，何キロメートル進みますか。
③ この電車が 24 キロメートルの道のりを走るのに，何分かかりますか。

単位の基本と単位換算について，おさらいしました。

最後にもう一度，練習問題に挑戦してみましょう。あわてることはありません。メートルとキロメートルやセンチメートル，あるいは秒速や分速，時速のちがいなどに注意して解いていきましょう。**問題をくりかえし解くことによって，着実に理解が深まっていきます。**

A1
① 600 ÷ 8 = 75 なので，速さは**分速 75 メートル**となります。
② 210 ÷ 15 = 14 なので，速さは**秒速 14 センチメートル**となります。

A2
① 1 分は 60 秒なので，分速は **25 × 60 = 1500（メートル）** となります。
② 1 時間は 60 分なので，時速は 60 × 60 = 3600（メートル）です。メートルをキロメートルに単位換算するため 1000 で割り，3600 ÷ 1000 = 3.6，すなわち**時速 3.6 キロメートル**が答えとなります。
③ 1 時間 = 60 × 60 = 3600（秒）なので，時速は 32 × 3600 = 115200（メートル）となります。メートルをキロメートルに単位換算するため 1000 で割り，115200 ÷ 1000 = 115.2，すなわち**時速 115.2 キロメートル**が答えとなります。

A3
① 16 キロメートルを 20 分間で走るので，16 ÷ 20 = 0.8 キロメートルより，**分速 0.8 キロメートル**となります。
② 1 分間に 0.8 キロメートル走るので，35 分間では，**0.8 × 35 = 28 キロメートル**進みます。
③ 1 分間に 0.8 キロメートル走るので，24 を 0.8 で割ると時間が求められます。24 ÷ 0.8 = 30 なので，**30 分かかる**ことがわかります。

5

つまずきやすい
「割合」と「比」

数量をくらべたり，数量どうしの関係をあらわしたりするのに欠かせないのが，「割合」と「比」です。5章では，百分率や歩合，比例・反比例，比例配分や連比など，割合と比に関連したものを，具体例をまじえて紹介します。

割合とは

「くらべられる量」÷
「もとにする量」の値

ス ーパーマーケットなどで「2割引き」といったシールがついた商品を見かけることがあります。しかし，実際の値段は計算しないとわかりません。そんなときに役立つのが「割合」です。

割合とは，くらべられる量がもとにする量のどれだけ（何倍）にあたるかをあらわした数のことです。「割合＝くらべられる量÷もとにする量」という式を使って求めることができます。

たとえば，15は5の何倍でしょう？　ここでは，もとにする量が5，くらべられる量が15です。したがって，15÷5＝3なので，答えは3倍です。ここでは3（倍）が割合を示す値です。

また，割合＝くらべられる量÷もとにする量の式を変形すると，くらべられる量と，もとにする量をそれぞれ求める式をみちびきだせます。これら三つの式を「割合の3用法」といいます（右の囲み）。

割合の3用法を利用して，□円の0.5倍は50円というときの□の値を求めましょう。このような割合の問題では，まず，割合，くらべられる量，もとにする量がどれかを見きわめ，それが定まったら割合の3用法のいずれかを使って計算します。

もとにする量は□円，割合は0.5倍，50円はくらべられる量にあたります。したがって，割合の3用法の③を使うことで，□＝50÷0.5＝100（円）と求まります。

問題文を式に置きかえるという方法もあります。たとえば上の問題を式に置きかえると，次のようになります。

□円の0.5倍は50円

$$→□ × 0.5 = 50$$
$$□ = 50 ÷ 0.5$$
$$= 100（円）$$

50% SPECIAL

30% SPECIAL OFF

10% SPECIAL

割合の3用法
①割合＝くらべられる量÷もとにする量
②くらべられる量＝もとにする量×割合
③もとにする量＝くらべられる量÷割合

「百分率」「歩合」って何のこと？

5年

前ページで割合について説明しましたが，ここで紹介する「百分率」と「歩合」も割合をあらわす方法の一つです。

百分率とは，もとにする量を100としたときの割合のあらわし方で，％（パーセント）であらわします。一方，歩合とは，もとにする量を10としたときの割合のあらわし方で，割・分・厘などであらわします。

まず百分率からです。1％とは，小数の割合の0.01（倍）のことです。したがって，百分率を100で割ると小数の割合になおすことができ，小数の割合を100倍すると百分率になおすことができます。たとえば，100％は1（倍），10％は0.1（倍），1％は0.01（倍）といったぐあいです。

具体例をあげて説明しましょう。0.86を百分率であらわすと0.86×100＝86％となります。また，67％は67÷100＝0.67とあらわ

せます。

次に歩合です。歩合とは，たとえば，1割は0.1（倍），1分は0.01（倍），1厘は0.001（倍）といったように小数の割合をあらわしたものです。

具体例をあげて説明しましょう。0.76は0.7＋0.06なので，0.76＝7割6分，3割8厘は3割＋8厘なので，0.3＋0.008＝0.308とあらわせます。

歩合は，スーパーマーケットでの商品の値引き表示や，野球選手の打率の表示などでよく見ます。

整数や小数を使ってあらわした□倍も百分率も歩合もすべて割合ですが，そのちがいはもとにする量です。**整数や小数の割合は1倍，百分率は100％，歩合は10割ということを覚えておきましょう。**

百分率や歩合の計算に慣れていると買い物の際などに役立つので，ここでしっかりと理解しておくとよいでしょう。

割合のあらわし方

割合のあらわし方には，前ページで紹介した「整数や小数の割合」のほかに，「百分率」と「歩合」があります（下の表）。もとにする量のあらわし方がそれぞれことなり，整数や小数の割合では1（倍），百分率では100（％），歩合では10（割）とします。最下段の図はこの関係を図示したもので，整数や小数の割合を10倍すると歩合（割）に，100倍すると百分率（％）になります。

	もとにする量	表記
整数や小数の割合	1（倍）	倍
百分率	100（％）	％
歩合	10（割）	割, 分, 厘

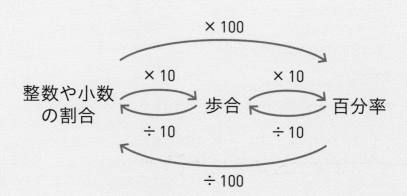

割合は, 簡単な「比」で あらわせる

6年

a と b の割合を「：」の記号を使ってあらわしたものを「比」といいます。「$a：b$」は「a対b」と読み, 比の値は, $a÷b$ で求めることができます。

たとえば, $3：4$ の比の値は, $3÷4＝\frac{3}{4}$ です。また, $6：8$ の比の値も $6÷8＝\frac{6}{8}＝\frac{3}{4}$ です。

このように, 比の値が等しいとき, 「それらの比は等しい」といい, ＝を使って, $3：4＝6：8$ というようにあらわします。このような, 比が等しいことをあらわす式のことを「比例式」といいます。

比には, 次の三つの重要なポイントがあります。

①$a：b$ のとき, a と b に同じ数をかけても比は等しい（ただし, $△≠0$）

$a：b＝(a×△)：(b×△)$

（例）$2：3＝10：15$

②$a：b$ のとき, a と b を同じ数で割っても比は等しい（ただし, $△≠0$）

$a：b＝(a÷△)：(b÷△)$

（例）$16：18＝8：9$

③比例式において, 内項の積と外項の積は等しい。

$a：b＝c：d$ ならば, $a×d＝b×c$

比例式 $a：b＝c：d$ において, 比例式の内側の b と c を「内項」, 外側の a と d を「外項」といいます。

（例）$5：9＝10：18$ ならば, $5×18＝9×10＝90$

内項の積と外項の積が等しい理由は, 次のとおりです。

$a：b＝c：d$ のとき, $a：b$ と $c：d$ の比の値は等しいので, $\frac{a}{b}＝\frac{c}{d}$

両辺に $b×d$ をかけると,

$\frac{a}{b}×b×d＝\frac{c}{d}×b×d$

したがって, $a×d＝b×c$ となり, 比例式の内項の積と外項の積が等しいことが証明されました。

また, 重要ポイント①②の性質を利用して, できるだけ小さい整数の比になおすことを「比を簡単にする」, または「約比」といいます（右の黒板）。

比の値が同じであれば，比も等しい

4色の人形が並んでいます。黄色と緑の人形の個数を比であらわすと6：8，赤と青の人形の個数を比であらわすと12：16となります。
6：8の比の値は $\frac{6}{8} = \frac{3}{4}$，12：16の比の値は $\frac{12}{16} = \frac{3}{4}$ で等しいので，この二つの比は等しく，6：8＝12：16とあらわすことができます。

比を簡単にする方法

①整数どうしの比：両方の数の最大公約数で割る

（例）15：20の場合

15：20 → 3：4
最大公約数の5で割る

②小数どうしの比：整数の比になおしてから，最大公約数で割る

（例）3.2：5.6の場合

まず10倍して32：56とする。

32：56 → 4：7
最大公約数の8で割る

③分数どうしの比：整数の比になおしてから，最大公約数で割る

（例）$\frac{2}{3}$：$\frac{4}{5}$ の場合

分母の3と5の最小公倍数は15なので，まず両方の分数

に15をかけて10：12とする。

10：12 → 5：6
最大公約数の2で割る

「比例」と「反比例」を グラフにあらわすと

6年

時間経過と水槽内の水量との関係（左下表）

1分間に2リットルずつ水槽に水を入れる場合，経過時間が2倍，3倍になると，水槽内の水の量も2倍，3倍になっていることがわかります。

時間（分）	0	1	2	3
水槽内の水の量（リットル）	0	2	4	6

平行四辺形の底辺と高さの関係（右下表）

面積が12平方センチメートルの平行四辺形の場合，底辺の長さが2倍，3倍になると，高さは$\frac{1}{2}$倍，$\frac{1}{3}$倍になっていることがわかります。

平行四辺形の底辺x（cm）	1	2	3
平行四辺形の高さy（cm）	12	6	4

比例のグラフ

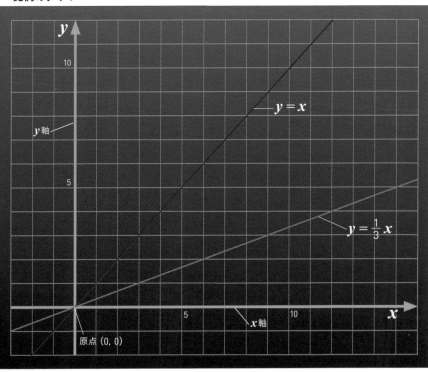

方の量が2倍，3倍，4倍……になると，他方の量も2倍，3倍，4倍……と変化する関係を「比例」といいます。

たとえば，水槽に水（y）を1分間に2リットルずつ入れていくとします。すると，時間と水槽内の水の量は比例します。時間（x）が1分（1倍），2分（2倍），3分（3倍）とふえるにしたがって，水の量も2リットル（1倍），4リットル（2倍），6リットル（3倍）と同じ割合でふえていくからです。<u>この関係を式であらわすと，$y = 2 \times x$となります。</u>

また，一方の量が2倍，3倍，4倍……になると，他方の量が$\frac{1}{2}$倍，3倍，$\frac{1}{4}$倍……と変化する二つの数量の関係のことを「反比例」といいます。

たとえば，面積が12平方センチメートルと一定である平行四辺形の場合を考えます。最初に底辺の長さ（x）が1センチメートル，高さ（y）が12センチメートルとすると，底辺の長さを1倍（1センチメートル），2倍（2センチメートル），3倍（3センチメートル）とふやすにしたがって，高さは1倍（12センチメートル），$\frac{1}{2}$倍（6センチメートル），$\frac{1}{3}$倍（4センチメートル）と変化していきます。<u>この関係を式であらわすと，$y = 12 \div x$となります。</u>

反比例のグラフ

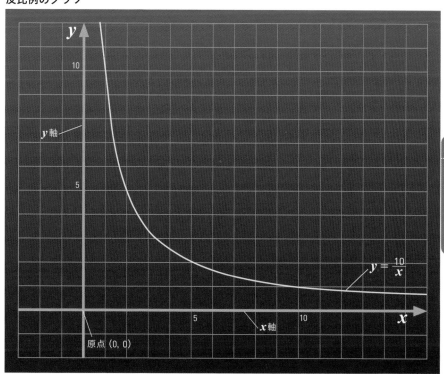

$y = \dfrac{10}{x}$

y軸

x軸

原点 (0, 0)

「比例配分」と「連比」を使いこなすとさらに便利!

6年

比を利用することで、さまざまな問題を解くことができます。その例として、「比例配分」や「連比」があります。

まず、比例配分とは、全体の量を決まった比に分けることです。 たとえば、1800ミリリットルの水を4:5に分けると、それぞれ何ミリリットルになるでしょう。

1800ミリリットルを4:5に分けるということは、全体を4+5＝9に分け、一方を$\frac{4}{9}$、もう一方を$\frac{5}{9}$という割合にするということです。したがって、次のようになります。

$1800 \times \frac{4}{9} = 800$, $1800 \times \frac{5}{9} = 1000$

ゆえに、800ミリリットルと1000ミリリットルに分ければよいということがわかります。

一般に、全体の量を$a:b$に分けるときには、全体の量$\times \frac{a}{a+b}$と全体の量$\times \frac{b}{a+b}$に分けられるということを覚えておきましょう。

次に、連比とは、三つ以上の数量の割合を一つの比にそろえてあらわしたものです。たとえば、A:B＝2:3、B:C＝5:6とします。このとき、A:B:Cの関係はどうなるでしょうか。

ここでは、Bに着目し、3と5の最小公倍数を求めます（34ページ）。3と5の最小公倍数は15なので、まず、A:B＝2:3の両方の数に5をかけて、A:B＝10:15とします。次に、B:C＝5:6の両方の数に3をかけて、B:C＝15:18とします。これでBの値がそろったので、A:B:C＝10:15:18となります。

このように、三つ以上の数量の割合をみる場合、最小公倍数を使って一つの比にそろえることが重要です。

比の利用

右ページに、比例配分と連比のポイントと、それぞれの例題を示しました。

比例配分：全体を決まった比に分けること

ある量を$a:b$に分けるとき

全体の量$\times \dfrac{a}{a+b}$ と

全体の量$\times \dfrac{b}{a+b}$ に分けられる

例題

3000円のお小遣いを兄と弟で7：3に分けます。
兄と弟それぞれの取り分はいくらになるでしょうか。

解答

3000円を7：3に分けるということは，全体を7＋3＝10に分け，一方を$\dfrac{7}{10}$，もう一方を$\dfrac{3}{10}$の割合にするということです。したがって，兄の取り分は$3000 \times \dfrac{7}{10} = 2100$（円），弟の取り分は$3000 \times \dfrac{3}{10} = 900$（円）となります。

連比：三つ以上の数の比であらわすこと

A：BとB：Cの比がわかっており，これをA：B：Cの形であらわすとき

①Bの最小公倍数を求める
②A：BとB：CをそれぞれBの最小公倍数の比になおし，両者を合わせる

例題

A：B＝9：8，A：C＝12：17とします。
このとき，A：B：Cを求めましょう。

解答

Aに着目し，9と12の最小公倍数を求めます。9と12の最小公倍数は36なので，A：B＝9：8の両方の数に4をかけて，A：B＝36：32とします。同様に，A：C＝12：17の両方の数に3をかけて，A：C＝36：51とします。これらを合わせると，A：B：C＝36：32：51となります。

【練習問題】
割合と比の問題
に挑戦しよう

Q1

次の問題に答えましょう。

① 300 円の 0.15 倍は□円です。□の値を求めましょう。

② ある小学校の全校生徒は 720 人，このうち 5 年生は 144 人です。5 年生の人数は全校生徒の人数の何倍でしょうか。

③ スーパーから家までの距離は 200 メートルで，これは駅から家までの距離(□メートル)の 0.4 倍にあたります。□の値を求めましょう。

Q2

次の小数の割合を百分率と歩合であらわしましょう。

① 0.235　　② 1.41

③ 定価 1200 円の商品が 3 割引きで売られています。売り値を求めましょう。

Q3

次の比の値を求めましょう。

① 5 : 3　　② 2.5 : 0.5　　③ $\frac{3}{4} : \frac{2}{7}$

Q4

次の式の△に入る値を求めましょう。

① 4 : 9 = 24 : △　　② 2 : 3 = 0.5 : △　　③ 3.5 : 0.8 = 70 : △

Q5

縦が x センチメートル，横が 5 センチメートルの長方形の面積を y 平方センチメートルとします。x と y の関係を表にあらわしましょう。

Q6

18 個のキャンディーを x 人で y 個ずつに分けます。x と y の関係を表にあらわしましょう。

最 後に練習問題です。x や y を使った問題もあります。116ページでは x や y を使った式が登場し，違和感を覚えた人もいるかもしれません。**実は2023年10月現在の算数** の学習指導要領では，**小学6年生で** x や y などを使った文字式を学習することになっています。以前は中学校の数学ではじめて登場した x や y を，今は算数でも使用するのです。

A1

①もとにする量は 300 円，割合は 0.15 倍，□円はくらべられる量にあたります。したがって，割合の 3 用法の「くらべられる量＝もとにする量×割合」を使うことで，□＝ 300 × 0.15 ＝ **45（円）** と求まります。

②もとにする量は 720 人，割合は□倍，144 人はくらべられる量にあたります。したがって，割合の 3 用法の「割合＝くらべられる量÷もとにする量」を使うことで，□＝ 144 ÷ 720 ＝ **0.2（倍）** と求まります。

③もとにする量は□メートル，割合は 0.4 倍，200 メートルはくらべられる量にあたります。したがって，割合の 3 用法の「もとにする量＝くらべられる量÷割合」を使うことで，□＝ 200 ÷ 0.4 ＝ **500（メートル）** と求まります。

A2

① 0.235 を百分率にすると 0.235 × 100 ＝ 23.5％になります。一方，歩合にすると 0.235 × 10 ＝ 2.35 となるので，**2 割 3 分 5 厘** とあらわせます。

② 1.41 を百分率にすると 1.41 × 100 ＝ 141％になります。一方，歩合にすると 1.41 × 10 ＝ 14.1 となるので，**14 割 1 分** とあらわせます。

③ 3 割引きの値段＝定価の 7 割（＝ 10 － 3）であり，7 割＝ 0.7（倍）なので，売り値は 1200 × 0.7 ＝ **840（円）** となります。

A3

① $5 \div 3 = \dfrac{5}{3}$　　② $2.5 \div 0.5 = 5$　　③ $\dfrac{3}{4} \div \dfrac{2}{7} = \dfrac{3}{4} \times \dfrac{7}{2} = \dfrac{21}{8}$

A4

① 24 ÷ 4 ＝ 6 なので，4：9 ＝（4 × 6）：（9 × 6）と変形できます。つまり，△＝ 9 × 6 ＝ **54** となります。

② 2 ÷ 0.5 ＝ 4 なので，2：3 ＝（2 ÷ 4）：（3 ÷ 4）と変形できます。つまり，△＝ 3 ÷ 4 ＝ **0.75** となります。

③ 70 ÷ 3.5 ＝ 20 なので，3.5：0.8 ＝（3.5 × 20）：（0.8 × 20）と変形できます。つまり，△＝ 0.8 × 20 ＝ **16** となります。

A5

x と y の関係は右の表のようになります。x が 2 倍，3 倍になると y も 2 倍，3 倍になっているので，x と y は比例の関係にあるといえます。

縦 x（cm）	0	1	2	3
長方形の面積 y（cm²）	0	5	10	15

A6

x と y の関係は右の表のようになります。x が 2 倍，3 倍になると y は $\dfrac{1}{2}$ 倍，$\dfrac{1}{3}$ 倍になっているので，x と y は反比例の関係にあるといえます。

x（人）	1	2	3
1人あたりのキャンディーの個数 y（個）	18	9	6

つまずきやすい「割合」と「比」

中学受験の定番「ニュートン算」

下に示した問題は,「ニュートン算」とよばれる問題のうち最も基本的なものです。**ニュートン算は,ある量が,一定の割合でふえると同時に減っていくような状況をあつかった問題**です。イギリスの科学者アイザック・ニュートン（1642～1727）が,数学に関する著書の中で,牧草地で生えつづける牧草と,放牧された牛がその牧草を食べつくすまでの日数について考察したことから,そうよばれるようになりました。

ニュートン算は中学入試の定番問題としても知られています。さまざまなパターンがあり,問題の設定によっては小学生にとって非常にむずかしい問題になります。

それでは,紙とペンを用意して,ぜひ下の問題に挑戦してみてください。

問題

休日に遊園地に遊びに行きました。入り口にはすでに 100 人の行列ができており,毎分 20 人がこの行列に加わっています。入り口が 2 か所のとき,この行列が 10 分でなくなりました。では,入り口を 3 か所にすると,この行列は何分でなくなるでしょうか。

入り口① 入り口②

100人並んだ行列

行列に加わる人々

解答

入り口が2か所のとき，100人の行列が10分でなくなったので，1分間で減った行列全体の人数は，100 ÷ 10 = 10です。行列は1分あたり20人ずつふえるにもかかわらず，全体で10人ずつ減るということは，1分間で20 + 10 = 30人が入園したことがわかります。入り口は2か所なので，1か所の入り口からは，1分間で30 ÷ 2 = 15人が入園することになります。入り口を3か所にふやすと，1分間で15 × 3 = 45人が入園します。1分間に20人が行列に加わり，45人が入園するので，行列は全体として1分あたり45 − 20 = 25人減少します。100人の行列がなくなるまでにかかる時間は100 ÷ 25 = 4分となります。

6

社会人にも必須スキル

「データの見方・活用」

情報化社会といわれる現在，私たちのまわりには，膨大なデータがあふれています。これらのデータをうまく使いこなすことは，これからの社会を生きるうえで重要なスキルとなります。6章では，データをよりよく活用する方法を解説します。

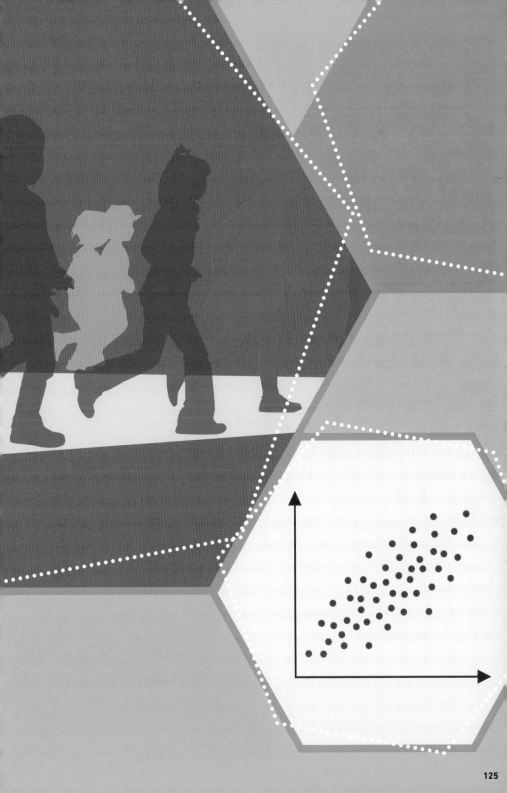

グラフを使うと, データの割合が一目でわかる

5年

さまざまな情報の中から,「目的のものの占める割合」や「目的のものが時系列で推移するようす」などを知りたいときに役立つのがグラフです。**グラフには多くの種類がありますが, 算数で習う代表的なグラフは「円グラフ（右ページ上）」と「帯グラフ（右ページ下）」です。円グラフと帯グラフは「全体に対する部分の割合」をみるのに適したグラフです。**

円グラフは, データの合計を100％として, その中での構成比をあらわします。アンケートなどによる意識調査の結果などをあらわすのにもよく使われます。円グラフは, 比較的少ない項目での割合を示したいときに活用することができます。

帯グラフは形が帯状となりますが, データの合計を100％とし, その中での構成比をあらわす点では円グラフと同じです。帯グラフの長所は, 複数の帯を縦に並べる

ことで, データの構成比が変化するようすをあらわせる点です。右ページ下の帯グラフでは, 最近の携帯電話の出荷台数の推移が示されています。表では複雑でわかりにくいデータも, 帯グラフではシンプルにわかりやすく示すことができます

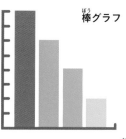

棒グラフ

折れ線グラフ

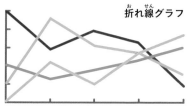

棒の高さでデータの値の大小をあらわす「棒グラフ」, 値の移り変わりを示すのに便利な「折れ線グラフ」もあります。

円グラフ

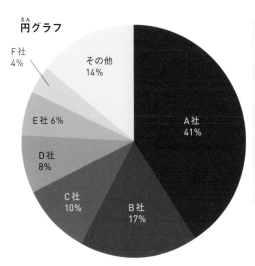

F社 4%
その他 14%
A社 41%
E社 6%
D社 8%
C社 10%
B社 17%

携帯電話の出荷台数の割合（2022年）

2022年における携帯電話出荷台数と各社の出荷台数の割合（内訳）を円グラフにしました。円グラフでは，円をおうぎ形に区切り，データの構成比をおうぎ形の面積に対応させます。また，個々の割合の合計は必ず100%となるようにします。

帯グラフ

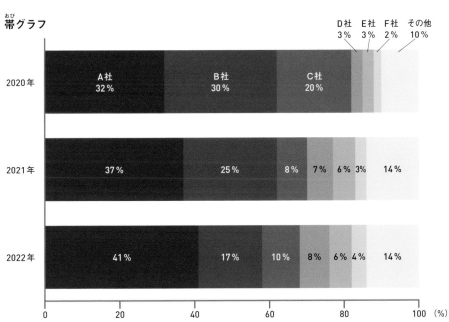

D社 3%　E社 3%　F社 2%　その他 10%

	A社	B社	C社				
2020年	32%	30%	20%	3%	3%	2%	10%
2021年	37%	25%	8%	7%	6%	3%	14%
2022年	41%	17%	10%	8%	6%	4%	14%

0　20　40　60　80　100 (%)

携帯電話の出荷台数シェアの年推移（2020〜2022年）

2020〜2022年における携帯電話の出荷台数と各社の出荷台数の割合（内訳）を帯グラフにしました。帯グラフでは，細長い帯を区切り，データの構成比を長方形の面積に対応させます。このグラフからは，A社のシェアが年々拡大しているのに対しB社のシェアは年々縮小している，といったことが読み取れます。

「平均値」「最頻値」「中央値」は データの傾向を知る"目印"

6年

あるクラスの身長測定やテストの結果といった，大人数のデータを比較する場合，「代表値」の考え方が重要になってきます。

代表値とは，データの傾向を知るうえでの指標となる値で，「平均値」「最頻値」「中央値」の三つがこれに当てはまります。

平均値は，データの値をすべて足し合わせ，それをデータの数で割った値のことです。最頻値は，すべてのデータの中で，最も数が多い値をさします。中央値は，すべてのデータを大きさの順に並べたときに，真ん中に位置する値のことです。

たとえば，15人のクラスにおける身長測定の結果を考えてみましょう。表1より，身長の平均値は138.6センチメートルと計算できます。

ここで，身長が低い順にデータを並べなおすと，表2のようになり，身長が138センチメートルの人が3人と，最も多いことがわかります。つまり最頻値は138センチメートルです。

最後に，中央値を考えてみましょう。15人のクラスなので，背の順で真ん中に位置するのは14番の人です。この人の身長は138センチメートルなので，中央値は138センチメートルとなります。

中央値の出し方は，奇数と偶数で変わる

15人の身長の測定結果を表1に，これを背の順に並べたものを表2に示しました。表2より，背の順で真ん中に位置するのは番号14の人なので，中央値は138センチメートルになります。ただし，クラスの人数が偶数だった場合の中央値は，真ん中に位置する二人の平均値となります。

表1 身長の測定結果

番号	身長（cm）
1	145
2	134
3	137
4	136
5	139
6	138
7	137
8	140
9	135
10	141
11	139
12	138
13	140
14	138
15	142

表2 身長の測定結果（人数が奇数，背の順）

番号	身長（cm）	
2	134	
9	135	
4	136	
3	137	
7	137	
6	138	
12	138	
14	138	← 中央値
5	139	
11	139	
8	140	
13	140	
10	141	
15	142	
1	145	

データの "散らばりぐあい" をあらわすグラフ

6年

15人のテストの結果

15人のテストの結果

24点	66点	88点
40点	54点	96点
58点	70点	56点
64点	76点	68点
64点	62点	44点

15人のクラスのテスト結果を調べたとします(右上)。テストの結果は,「**度数分布表**」にまとめると,傾向を読み取りやすくなります(図1)。

たとえば,「20点以上30点未満」の人は一人なので,該当する区間の右の欄に1を記入します。この際,「以上」「未満」の区切りに注意しましょう。たとえば,40点は「40点以上50点未満」に含まれます。

度数分布表の内容をグラフにしたものが「ヒストグラム(柱状グラフ)」です(図2)。ヒストグラムは縦軸に度数(上の例では人数),横軸に区間(上の例では□点以上□点未満)をとって,データの分布を示すグラフです。

ヒストグラムの形は,データのばらつきの特徴を示しています。図2のグラフは「60点以上70点未満」を頂点に山形の分布をしており,ある特定の範囲(60点以上70

図1 度数分布表

得点(点)	人数(人)
0以上～10未満	0
10 ～ 20	0
20 ～ 30	1
30 ～ 40	0
40 ～ 50	2
50 ～ 60	3
60 ～ 70	5
70 ～ 80	2
80 ～ 90	1
90 ～ 100	1
合計	15

点未満)にデータがかたよっている(ばらつきが少ない)ことがわかります。

ヒストグラムと似たグラフに「ドットプロット」があります(図3,4)。ドットプロットには,縦軸に「度数(人数など)」を示すもの(図3)と,「データの値」(図4)を示すものがあります。

度数分布表とヒストグラム

クラスの15名のテスト結果を度数分布表にあらわしました（図1）。度数分布表では，区切られた区間の幅を「階級の幅」とよびます。この例では，階級の幅は10点となります。図2のヒストグラムは左の度数分布表をグラフにあらわしたものです。縦軸は人数をあらわし，方眼の1目盛り分が一人に相当します。横軸は得点をあらわし，方眼の1目盛り分は10点に相当します。

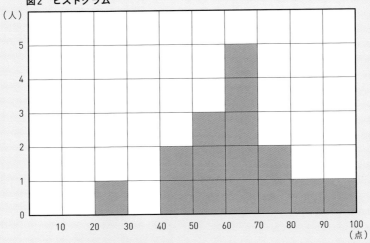

図2 ヒストグラム

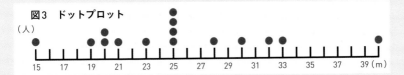

図3 ドットプロット

ソフトボール投げの飛距離の記録

クラスの15名がソフトボール投げを行った記録をドットプロットに示しました。横軸に飛距離をとり，縦軸はそれぞれの飛距離に対応する人数をあらわしています。

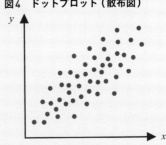

図4 ドットプロット（散布図）

図4は「散布図」ともよばれます。この散布図からは，一方の量がふえる（減る）と，もう一方の量がふえる（減る）ことが読み取れます。

一次元の表と二次元の表

　　統計学に苦手意識をもっている人もいるかと思いますが，実は統計学の基礎である「表を用いてのデータの分類・整理」は，小学3年生から学習しています。

　　表はその形式によって，物事を一つの観点だけでまとめた「一次元の表」と，二つの観点でまとめた「二次元の表」に分け

調査結果を表にまとめる

　　小学3年生で学ぶ二次元の表は，ここに示したように一次元の表を集めてまとめただけの，単純なものです。さまざまな情報を含んだ調査結果の中から，目的に応じた観点を選び，二次元の表などにまとめる学習は，4年生で行います。

られます。たとえば，ある小学校で，11月〜1月にけがをした3年生の人数とその種類を調べたとします。表1〜3は，この調査結果を「けがの種類」という観点だけで分類した，一次元の表です。

この三つの表をもとに，同じ調査結果を「けがの種類」と「その月」という二つの観点からまとめ，二次元の表であらわしたのが表4です。種類と月を一つにまとめたことで，三つのグラフそれぞれを見くらべるよりも，全体のようすがわかりやすくなりました。

3年生の算数では，調査結果を分類・整理して，棒グラフであらわすところまで行います。ここに示した表がどのようなグラフになるのか，みなさんも初心にかえってやってみましょう。

表1　けが調べ（11月）

けがの種類	人数（人）
すりきず	7
切りきず	3
打撲	5
その他	6
合計	21

表2　けが調べ（12月）

けがの種類	人数（人）
すりきず	9
切りきず	5
打撲	10
その他	8
合計	32

表3　けが調べ（1月）

けがの種類	人数（人）
すりきず	12
切りきず	4
打撲	6
その他	7
合計	29

表4　けが調べ（11月〜1月）（人）

種類＼月	11月	12月	1月	合計
すりきず	7	9	12	28
切りきず	3	5	4	12
打撲	5	10	6	21
その他	6	8	7	21
合計	21	32	29	82

平均値をみれば, 比較が簡単にできる

5年

平均値は,「測定したデータの値をすべて足し, それをデータの数で割る」ことで求められます。

たとえば, Aさん, Bさん, Cさん, Dさんの4人が買った鉛筆の本数が, それぞれ2本, 3本, 5本, 2本だったとしましょう。鉛筆1本を積み木1個に見立てて4人の本数を比較すると, 図1のようになります。4人が買った鉛筆の本数の平均を求めるには, いちばん本数の多いCさんから, いちばん本数の少ないAさんとDさんにそれぞれ1本の鉛筆を移動します。すると4人の鉛筆の数はそれぞれ3本となるので, 4人が買った鉛筆の本数の平均は3本ということになります。

つまり, 平均とは「数のでこぼこを平らにすること」であり,「凹凸のある形を面積の等しい長方形に変換すること」だといえます。

先ほどの例では, 4人の買った鉛筆は合計12本です。4人が買った鉛筆の本数の平均値を□(本)とすると, □＝12÷4＝3(本)と求められます。

このように, 平均＝全体÷個数の関係がなりたつので, この式を変形すると, 全体＝平均×個数, 個数＝全体÷平均, の関係もなりたちます。

平均の考え方は勉強や買い物など日常生活でよく使われます。

鉛筆の本数の平均

図1に4人が買った鉛筆の本数を示しました。Cさんが買った鉛筆のうち2本を, AさんとDさんに1本ずつ移すと, 4人の鉛筆の本数はそれぞれ3本で等しくなります(図2)。このように, 数の凹凸をなくして平らにすることを,「平均をとる」といいます。

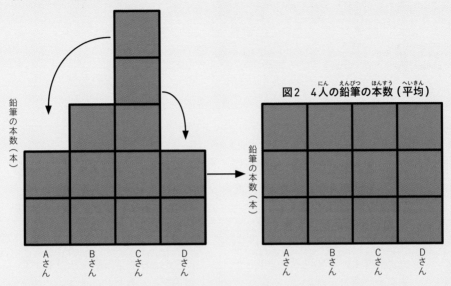

図1 4人の鉛筆の本数

鉛筆の本数（本）

A さん　B さん　C さん　D さん

図2 4人の鉛筆の本数（平均）

鉛筆の本数（本）

A さん　B さん　C さん　D さん

例題

① 4人のテストの点数が以下のようになりました。平均点を求めましょう。
　75点　62点　83点　92点
② 35人のクラスで，テストの点数が平均70点だったときのクラスの点数の合計を求めましょう。
③ 全部で135問の問題があります。1日平均5問ずつ解いていくと，何日で終わるでしょうか。
④「2個セットで720円」と「3個セットで1000円」の商品があります。どちらのほうが得でしょうか。

解答

① 4人の点数の合計は 75 ＋ 62 ＋ 83 ＋ 92 ＝ 312点なので
　平均点は 312 ÷ 4 ＝ **78点**
② 全体＝平均×個数の式から，70 × 35 ＝ **2450点**が答えとなります。
③ 個数＝全体÷平均の式から，135 ÷ 5 ＝ **27日**が答えとなります。
④ 1個あたりの平均の値段を求め，どちらが安いかをくらべます。
　2個セットのほうは 720 ÷ 2 ＝ 360円
　3個セットのほうは 1000 ÷ 3 ＝ 333.33……円なので
　3個セットの商品のほうが得になります。

5人から2人を選ぶときの並べ方は何通り？

6年

あることがらのおこり方が何通りあるかを求めることを「場合の数」といいます。

場合の数には，大きく分けて「並べ方」と「組み合わせ」の二つがあります。まずは，「並べ方」をみていきましょう。

運動会で，5人の生徒の中から，リレーの第1走者と第2走者を選ぶとき，その選び方は何通りあるでしょうか。まず，5人の生徒をA,B, C, D, Eとします。第1走者と第2走者を選ぶということは，5人の中から2人を選んで並べる"並べ方"が何通りあるかを考えるということです。

並べ方を考える問題の場合，「樹形図（図1）」であらわすと考えやすくなります。 たとえば，第1走者にAを選んだら，第2走者はBかCかDかEの4人になります。第1走者にB, C, D, Eを選んだ場合も同様です。したがって，樹形図のとおり，第1走者の選び方は5通り，第2走者の選び方は4通りあり，全部で20通りあることが

わかります。並べ方を考える問題では，たとえば，（A, B）と（B, A）はことなることを忘れてはいけません。

次に，「組み合わせ」です。今度は，5人の生徒の中からリレーの選手を2人選ぶとします。このとき，選び方は何通りあるでしょう。**組み合わせでは，第1走者と第2走者を区別する必要がありません。この点が，並べ方と組み合わせの大きなちがいです。**

並べ方の問題では，（A, B）と（B, A）はことなる場合として区別しますが，組み合わせの問題では，（A, B）と（B, A）は同じものと考えます。したがって，重複してカウントしないようにしなければなりません。

組み合わせの問題では，「表を書く方法（図2）」と「図をえがく方法（図3）」などが利用できます。 図2はサッカーなどのリーグ戦の組み合わせ表として，おなじみかもしれません。

図1 樹形図

第1走者　　　第2走者

A ─ B
　 ─ C
　 ─ D
　 ─ E

B ─ A
　 ─ C
　 ─ D
　 ─ E

C ─ A
　 ─ B
　 ─ D
　 ─ E

D ─ A
　 ─ B
　 ─ C
　 ─ E

E ─ A
　 ─ B
　 ─ C
　 ─ D

「並べ方」と「組み合わせ方」

5人のリレー競争の候補から第1走者と第2走者を選ぶとします。このとき，走者はA～Eの5人なので，第1走者の選び方は5通りです。次に第2走者は図1のように，4通りの選び方があります。つまり，だれが第1走者になっても第2走者は4通りなので，並べ方は5×4＝20通りになります。これに対して組み合わせ方では，第1・第2走者としてのA・BとB・Aは同じものと考えます（図2）。そこが両者の大きなちがいです。

図2

2人目の走者

	A	B	C	D	E
A		○	○	○	○
B			○	○	○
C				○	○
D					○
E					

1人目の走者

○をつけた数が組み合わせの数となります。○は全部で10個なので，2人の走者の組み合わせは10通りあります。

DとEの組み合わせと同じなので，○はつけない

図3

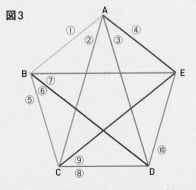

A～Eを五角形の頂点にくるように並べ，組み合わせに線を引いていきます。線が全部で10本引けるので，組み合わせは10通りです。

用語集

インド式計算法

「ヴェーダ数学」とよばれるインド独自の計算法のこと。2桁どうしのかけ算を簡単に暗算できる方法が近年話題になり、日本では「インド式計算法」として知られている。

円周率（π）

円の直径に対する円周の長さの比率のこと。πともいう。計算では主に3.14が使われるが、実際には3.1415926535……と、不規則な数字の列が無限につづく無理数である。

概数

おおよその数。「切り捨て」「切り上げ」「四捨五入」の三つの方法がある。概数にしてから計算することを「概算」という。

奇数、偶数

2で割り切れない整数のことを「奇数」、2で割り切れる整数のことを「偶数」という。

最頻値

あるデータの中で、出てくる頻度が最も高い値のこと。

自然数

1、2、3……という数の連なり（正の整数）で、0は含まれない。個数や順番として数えられる数。

四則演算

足し算・引き算・かけ算・割り算をまとめたよび方。「加減乗除」「四則演算」ともいう。また、足し算の答えを「和」、引き算の答えを「差」、かけ算の答えを「積」、割り算の答えを「商」とよぶ。

実数

数直線上にあるすべての数。整数、有理数、無理数が含まれる。

樹形図

ある事柄について、考えられるすべての並べ方を枝分かれさせながら、落ちもれなく書きだすときに便利な図。

十進位取り記数法

数が10まとまるごとに、一つ上の位に上げていく数のあらわし方を「十進法」という。そして、数字を並べて書いたとき、その数字の位（＝桁）を定めることを「位取り」いう。十進法と位取りによって、0から9の数字を使って数をあらわす方法のことを「十進位取り記数法」という。

小数

0.1や1.3のように、小数点がついた数。小数点より右側には1よりも小さな数をあらわす位がつづき、順に小数第1位、小数第2位、小数第3位と……よぶ。1を10等分した一つ分が0.1になる。

数直線

一本の直線上に基準点（原点という）を定め、その目盛りを0として、原点の右に正の数、左に負の数を目盛ったもの。すべての実数は、数直線上に点の位置としてあらわすことができる。

整数

自然数と0、さらに負の符号がついた数（−1、−2、−3……）を合わせた数。自然数を「正の整数」、負の符号がついたものを「負の整数」という。

代表値

あるデータの分布状況をとらえるときの指標となる値のこと。平均値・中央値・最頻値がある。

対称性

つり合いの取れた図形の性質。1本の直線を折り目にして二つに折ったとき、両側の部分がぴったり重なる図形を「線対称な図形」という。また、1点を軸に180度回転させたとき、もとの図形にぴったり重なる図形を「点対称な図形」という。

多角形

直線で囲まれた図形のこと。五角形や十二角形な

どたくさんの多角形があり，辺の長さがすべて同じ多角形を「正多角形」という。

単位換算

ある単位を別の単位に置きかえること。「単位変換」ともいう。

中央値

データを昇順または降順に並べたとき，全体のちょうど真ん中にあたる値。

散らばりぐあい

データの値がどれだけ散らばっているかを示すもの。「散らばり度合い」ともいう。データの範囲が大きいほど最大値と最小値の差も大きくなり，「データの散らばりぐあいが大きい」と表現される。

度数分布表

度数とは，各階級に属するものの個数のこと。その属するデータがどのように散らばっているかを示す表を「度数分布表」という。

倍数

ある整数に，1，2，3，……と整数を順にかけてできる数。ことなる二つの数にあらわれる共通の倍数を「公倍数」といい，公倍数の中で最も小さい数を「最小公倍数」という。

比

2種類の数量の割合をあらわすのに，□：○のような形で表記したもの。

百分率

もとにする量を100としたときの割合のあらわし方。%であらわす。

比例，反比例

一方の量が2倍，3倍，4倍……になると，他方の量も2倍，3倍，4倍……と変化する関係のことを「比例」という。逆に，一方の量が2倍，3倍，4倍……になると，他方の量が $\frac{1}{2}$ 倍，$\frac{1}{3}$ 倍，$\frac{1}{4}$ 倍……と変化する関係のことを「反比例」という。

歩合

もとにする量を10としたときの割合のあらわし方。割・分・厘などであらわす。

分数

0ではない整数aで整数bを割った結果を $\frac{b}{a}$ としてあらわしたもの。$\frac{1}{3}$ のように，小数では割り切れない数でも分数であらわすことができるメリットがある。

平均値

データをすべて足し合わせ，その合計値をデータの数で割ったもの。

平行

平面上の2本の直線がどこまで行っても交わらない状態。2組の辺が平行な四角形を「平行四辺形」という。

無理数

無限につづく循環しない小数のこと。有理数でない実数。$\sqrt{2}$，$\sqrt{3}$，π などがある。

約数

ある整数を割り切ることのできる整数。ことなる二つの数の中にある共通の約数を「公約数」といい，公約数の中で最も大きい数を「最大公約数」という。

有理数

実数のうち，分数の形であらわすことのできる数。

蓮除法（はしご算）

最大公約数や最小公倍数を求めるときに使われる，筆算の手法。割り算の筆算の記号をさかさまにしたような記号を用いる。

割合

二つの数量をくらべるとき，ある量（くらべる量）がもとにする量の何倍にあたるか，どのくらいを占めるかをあらわした数のこと。

おわりに

　これで『小学校6年分の算数』はおわりです。いかがでしたか。算数の楽しさと奥深さを，実感していただけたでしょうか。

　数や計算，図形，単位，データの活用法など，小学校6年間で学ぶ算数のほぼすべてをみてきました。最初は楽勝でも，だんだん難しい数式や法則が登場し，練習問題に手こずった人も多いと思います。

　冒頭で紹介した「さくらんぼ計算」は，大人世代にはなじみの薄い計算法です。何でこんなまどろっこしいことを……思ったかもしれませんが，機械的に行っていた計算の本質を理解することができ，その後の学習がスムーズに身につくようになります。また，今どきの算数には x や y を使った計算が登場することを知り，おどろいた人もいるでしょう。算数は，時代に合わせて定期的にみなおされているのです。

　小学校の教科書は，図書館で借りることもできます。この機に，算数の世界をさらに深掘りしてみてはいかがでしょうか。

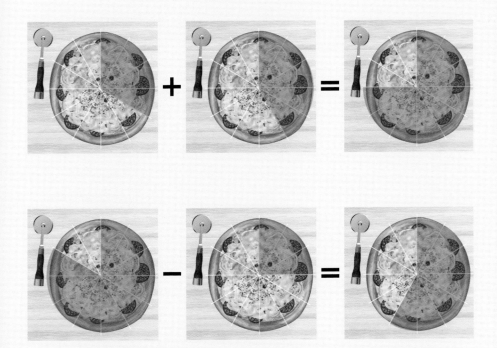

図形は古代ギリシャから
研究されてきた

美しさの中に隠れた
図形の法則

常識をこえた
曲面の世界の不思議

Staff

Editorial Management	中村真哉
Cover Design	秋廣翔子
Design Format	村岡志津加（Studio Zucca）
Editorial Staff	上月隆志，佐藤貴美子，谷合 稔

Photograph

表紙, 2	【数字の上の人】MDSHARIFUDDIN/stock.adobe.com	92-93	sutadimages/stock.adobe.com
8-9	HUANG CHAO-LIN/stock.adobe.com	93	LIGHTFIELD STUDIOS/stock.adobe.com
11	Atlas/stock.adobe.com, Prasanee/stock.adobe.com,	95	Thaweesak/stock.adobe.com
	katty2016/stock.adobe.com	99	LIGHTFIELD STUDIOS/stock.adobe.com
12〜15	Melica/stock.adobe.com	100-101	maroke/stock.adobe.com
16〜18	ribbon_s/stock.adobe.com	102-103	sutadimages/stock.adobe.com
24-25	HUANG CHAO-LIN/stock.adobe.com	104-105	slowmotiongli/stock.adobe.com
28-29	AYDIN/stock.adobe.com	106-107	Nakano/stock.adobe.com
38-39	Vasiliy/stock.adobe.com	109〜111	Maksym Yemelyanov/stock.adobe.com
39〜41	ltyuan/stock.adobe.com	115	morganimation/stock.adobe.com
46-47	Pavel/stock.adobe.com	120-121	Natali/stock.adobe.com
48-49	Vasiliy/stock.adobe.com	124-125	freehand/stock.adobe.com
51	netaliem/stock.adobe.com	126	negika/stock.adobe.com
54-55	efuroku/stock.adobe.com	129	freehand/stock.adobe.com
60-61	AYDIN/stock.adobe.com	132	みずたにいぬ/stock.adobe.com
88-89	Dancing Man/stock.adobe.com		

Illustration

表紙カバー	Newton Press	72〜74	秋廣翔子
表紙	Newton Press	75	Newton Press
9	Newton Press	76-77	秋廣翔子
20〜24	Newton Press	79〜81	Newton Press
27	Newton Press	82〜87	秋廣翔子
31	Newton Press	89〜91	秋廣翔子
36-37	Newton Press	97	秋廣翔子
43	Newton Press	108-109	Newton Press
45	Newton Press	115〜117	Newton Press
51〜53	Newton Press	119	Newton Press
56-57	Newton Press	123	Newton Press
62-63	Newton Press	125	Newton Press
64-65	秋廣翔子	127	秋廣翔子
65	Newton Press	131	【図2，図3】秋廣翔子，【図4】Newton Press
66〜70	秋廣翔子	135	秋廣翔子
71	【図3，図4下】秋廣翔子，	141	Newton Press
	【図4上】秋廣翔子・Newton Press		

本書は主に，ニュートン別冊『小学校6年分の算数がすべてわかる』，ニュートン科学の学校シリーズ『算数の学校』，Newton2023年12月号『奥深き算数の世界』の一部記事を抜粋し，大幅に加筆・再編集したものです。

監修者略歴：
髙木 徹／たかぎ・とおる
千葉工業大学デジタル変革科学科准教授。アメリカ，ケースウェスタンリザーブ大学客員教授。Ph.D.。1974年，東京都生まれ。アメリカ，ケースウェスタンリザーブ大学システム科学科修了。専門は数理システム科学。

超絵解本

算数の楽しさ、おもしろさを実感できる

簡単そうで奥が深い 小学校6年分の算数

2024年2月1日発行

発行人	高森康雄
編集人	中村真哉
発行所	株式会社 ニュートンプレス
	〒112-0012東京都文京区大塚3-11-6
	https://www.newtonpress.co.jp
	電話 03-5940-2451